中华人民共和国农业农村部科技专项研究报告
中国农业科学院智库报告

项目资助

中国农业科学院科技创新工程（中国农业科学院科技情报分析与评估创新团队）
中央级公益性科研院所基本科研业务费专项农业智库建设计划项目

2020 全球农业研究热点前沿分析解读

孙巍 吴蕾 丁倩 主编

中国农业科学技术出版社

图书在版编目（CIP）数据

2020 全球农业研究热点前沿分析解读 / 孙巍，吴蕾，丁倩主编 . --北京：中国农业科学技术出版社，2021. 9

ISBN 978-7-5116-5415-1

Ⅰ. ①2… Ⅱ. ①孙…②吴…③丁… Ⅲ. ①农业科学-学科发展-研究-世界-2020 Ⅳ. ①S-11

中国版本图书馆 CIP 数据核字（2021）第 146193 号

责任编辑 史咏竹
责任校对 贾海霞
责任印制 姜义伟 王思文

出 版 者 中国农业科学技术出版社
北京市中关村南大街 12 号 邮编：100081
电　　话 (010)82105169(编辑室) (010)82109702(发行部)
(010)82109709(读者服务部)
传　　真 (010)82106626
网　　址 http://www.castp.cn
经 销 者 各地新华书店
印 刷 者 北京建宏印刷有限公司
开　　本 185 mm×260 mm 1/16
印　　张 11. 75
字　　数 236 千字
版　　次 2021 年 9 月第 1 版 2021 年 9 月第 1 次印刷
定　　价 69. 00 元

《2020全球农业研究热点前沿分析解读》

编 委 会

组织编写　中国农业科学院科技管理局

中国农业科学院农业信息研究所

科睿唯安

主　　任　周云龙　梅旭荣　孙　坦

副 主 任　周清波　聂凤英　任天志　周国民

胡铁华　王慧华　张学福　郭　利

主　　编　孙　巍　吴　蕾　丁　倩

副 主 编　宋红燕　王成卓　姚　茹　李周晶

参编人员　马晓敏　杨　宇　李一婧　程则宇

赵晚婷　曾海娇　焦喜涵　王　兴

张振青　岂天阳　罗家豪　郭晓真

解读专家

作物单碱基编辑技术及其在分子精准育种中的应用 任　斌　周焕斌

番茄潜叶蛾的传播及综合治理 张桂芬　张毅波

畜禽生长和繁殖性状的分子机制 储明星　狄　冉　贺小云

动物源性人兽共患病病原学及传播特征 何宏轩　张广智

农田系统抗生素与抗性基因研究 周东美　朱向东　樊广萍

食品级颗粒的乳化机制及其应用研究 王　强　焦　博　张宇昊　刘红芝

农用无人机近地作物表型信息获取技术及应用 何雄奎　李红军　张　阳

基于长时间序列遥感影像的森林干扰、恢复及分类研究 田　昕　马瀚青

珊瑚礁生态系统的结构和功能研究 单秀娟　秦传新　郭　禹

数据支持 科睿唯安

目　　录

1 研究背景与研究方法

1.1 研究背景

不谋万世者，不足谋一时；不谋全局者，不足谋一域。科技创新要面向世界科技前沿、面向经济主战场、面向国家重大需求，这是2016年习近平总书记在全国科技创新大会、两院院士大会、中国科学技术协会第九次全国代表大会上提出的“三个面向”。2020年10月，习近平总书记在主持召开科学家座谈会时提出了“四个面向”，在原“三个面向”基础上增加了“面向人民生命健康”。无论是“三个面向”还是“四个面向”，排在第一的都是“面向世界科技前沿”。可见，面向世界科技前沿是重要基础，发挥着引领作用。面向世界科技前沿，意味着坚定创新自信、敢为天下先，意味着勇于挑战最前沿的科学问题、作出更多原创发现，意味着引领世界科技发展新方向、掌握新一轮全球科技竞争的战略主动权。深入了解各学科领域的全球科技热点命题与布局，洞察跟踪前沿动向及最新进展，有利于国家从政策上立足长远、放眼未来，鼓励科研人员开展前瞻性研究，在更高起点上提升我国的科技创新实力；有利于国家在识变、应变、求变中抓住先机，牢牢掌握创新主动权，不断地向科学技术广度和深度进军。因此，洞察领域科研动向、尤其是跟踪领域热点前沿具有重大而深远的意义。

本书基于共被引理论来揭示和分析农业学科领域研究热点前沿。持续跟踪全球最重要的科技论文，研究分析科技论文被引用的模式和聚类，特别是成簇的高被引论文总是频繁地共同被引用的现象，当这一情形达到一定的活跃度和连贯性时，我们便可以探测到一个研究热点前沿（Research Front），而这一簇高被引论文便是该研究热点前沿的“核心论文”，引用“核心论文”的论文则称作该研究热点前沿的“施引论文”。本书揭示的每个研究热点前沿均由一组核心论文和一组施引论文组成，尽管这些论文作者的背景不同或来自不同的学科领域，但这些论文可以揭示不同研究者在探究相关科学问题时产生的关联。研究者之间的相互引用可以形成知识之间和人之间的联络，本书正是通过论文引用关系这一独特的视角来揭示科学研究的发展脉络。

本书中的研究热点前沿既揭示了研究热点，又揭示了热点中的前沿，研究热点和热点中的前沿统称为研究热点前沿（Research Front）。构成研究热点的数据连续记载了分散的领域的发生、汇聚、发展（或萎缩、消散），以及分化和自组织成更近的研究活动节点。在演进的过程中，每组核心论文的基本情况（如主要的论文、作者、研究机构等）都可以被查明和跟踪，进而深入了解热点的研究基础，通过对该研究热点的施引论文的分析，可以发现该领域的最新进展和发展方向，进而揭示研究前沿。有侧重地分析研究热点及前沿，更有利于把握当前热点研究中的前沿问题，从中发现被最新关注但尚未解决的问题，为其未来发展指明方向。

中国农业科学院农业信息研究所科技情报研究中心（科技情报分析与评估创新团队）长期开展农业科技情报分析研究与决策支撑工作，连续 5 年与科睿唯安合作推出了农业研究热点前沿报告，引起了全球农业界的广泛关注。2020 年，该团队与科睿唯安继续合作，为了更加科学、客观地挖掘遴选农业领域研究热点前沿，以 ESI 数据库前沿数据全集作为农业领域热点前沿的遴选范畴，通过论文分类映射，层层指标筛选，结合院士访谈以及定性定量分析，共遴选获得 2020 年农业八大学科 50 个研究热点，其中 8 个热点更具前瞻性，被确定为研究前沿。进一步结合计量指标及专家意见，从 50 个研究热点中遴选出 9 个重点热点（其中 3 个是研究前沿）对其内容进行了深入解读，并对主要分析十国的研究热点前沿表现力进行了宏观分析。

1.2 方法论

研究热点前沿（Research Front）即由一组高被引的核心论文和一组共同引用核心论文的施引文献所组成的研究领域。本书中构成研究热点前沿的核心论文均来自 Essential Science Indicators（ESI）① 数据库中的高被引论文，即在同学科同年度中根据被引频次排在前 1%的论文，因此对核心论文中涉及的理论、方法及技术的解读是深入了解研究热点前沿发展态势的关键。这些有影响力的核心论文的研究机构、国家在该领域也做出了不

① Essential Science Indicators[SM]（基本科学指标）是基于 Web of Science 权威数据建立的分析型数据库，能够为科技政策制定者、科研管理人员、信息分析专家和研究人员提供多角度的学术成果分析。

可磨灭的贡献。同时，引用这些核心论文的施引文献可以反映出核心论文所提出的技术、数据、理论在发表之后是如何被进一步发展的，即使这些引用核心论文的施引文献本身并不是高被引论文。此外，研究热点前沿的名称则是从它的核心论文或施引文献的题名总结而来的。

研究热点前沿中的核心论文代表了该领域的奠基工作；施引文献，即它们中最新发表的论文反映了该领域的新进展。因此，核心论文和施引文献是考察研究热点前沿重要性的两个重要依据。核心论文数（P）和 CPT 指标是重点热点或重点前沿遴选的两个代表性指标①，分别代表研究热点前沿的规模，以及研究热点前沿的热度和影响力。

（1）核心论文数（P）

ESI 数据库用共被引文献簇（核心论文）来表征研究热点前沿，并根据文献簇的元数据及其统计信息来揭示研究热点前沿的发展态势，其中核心论文数（P）总量标志着研究热点前沿的大小，文献簇的平均出版年和论文的时间分布标志着研究热点的进度。核心论文数（P）表达了研究热点前沿中知识基础的重要程度。在一定时间段内，一个热点前沿的核心论文数（P）越大，表明该热点前沿越活跃。

（2）CPT 指标

遴选重点研究热点前沿的指标 CPT，是施引文献量即引用核心论文的文献数量（C）除以核心论文数（P），再除以施引文献所发生的年数（T）。施引文献所发生的年数指施引文献集合中最新发表的施引文献与最早发表的施引文献的发表时间的差值。如最新发表的施引文献的发表时间为 2015 年，最早发表的施引文献的发表时间为 2010 年，则该施引文献所发生的年数为 5。

$$\mathrm{CPT} = (C/P)/T = C/(P \cdot T)$$

CPT 实际上是一个研究热点前沿的平均引文影响力和施引文献发生年数的比值，该指标越高代表该热点前沿越热或越具有影响力。它反映了某研究热点前沿的引文影响力的广泛性和及时性，可以用于探测研究热点前沿的突现、发展以及预测研究热点前沿下一个时间可能的发展。该指标既考虑了某研究热点前沿受到关注的程度，即有多少施引文献引用研究热点前沿中的核心论文，又反映了该研究热点前沿受关注的年代趋势，即施引文献所发生的年度。

在研究热点前沿被持续引用的前提下：当两个研究热点前沿的 P 和 T 值分别相等时，则 C 值较大的研究热点前沿的 CPT 值也随之较大，表示该研究热点前沿引文影响力较大；

---

① 《2015 农业研究前沿》《2016 农业研究前沿》《2017 全球农业研究前沿分析解读》《2018 全球农业研究前沿分析解读》和《2019 全球农业研究前沿分析解读》中重点研究前沿的遴选均采用了 CPT 和核心论文数（P）两个指标。

当两个研究热点前沿的 C 和 P 值分别相等时，则 T 值较小的研究热点前沿的 CPT 值相反会较大，表示该研究热点前沿在近期受关注度较高；当两个研究热点前沿的 C 和 T 值分别相等时，则 P 值较小的研究热点前沿的 CPT 值反而较大，表示该研究热点前沿引文影响力较大。

1.3 方法及数据说明

研究工作主要包括两部分：①农业研究热点前沿的遴选。主要以数据为支撑，专家咨询为指导，通过数据统计计量和专家咨询的多轮交互，实现定量分析与定性分析的深度融合，完成 2020 年八大农业学科领域研究热点前沿的遴选工作。②农业研究热点前沿的分析解读。主要采用文献计量分析方法，深度揭示全球农业研究热点前沿的国家竞争态势，通过专家问卷调查和深度咨询研讨，领域专家分组协作完成农业八大学科领域 9 个重点热点前沿的解读工作。

本书中热点前沿的遴选工作基于 ESI 数据库中 2014—2019 年的核心论文数据，数据下载时间为 2020 年 3 月。为了较全面地分析揭示各热点前沿的发展态势，施引论文数据的发表年限扩展至 2020 年 10 月，数据下载时间为 2020 年 10 月。

1.3.1 农业领域研究热点前沿遴选

（1）基础数据获取

ESI 数据库囊括了自然科学与社会科学的十大高聚合学科领域（由 22 个学科领域划分而成）的研究热点前沿数据。分析 ESI 数据库的学科分类及所属分类的论文内容发现，由于近年农业学科领域的演化发展，交叉现象逐渐突显，农业领域的热点前沿数据在“农业、植物学和动物学”“数学、计算机科学与工程”“生态与环境科学”及“生物科学”等多数 ESI 大学科领域均有分布，为了全面客观地在 ESI 全集数据库中遴选出农业学科领域的热点前沿数据，本书将 ESI 全数据库领域的 17 561个前沿数据作为农业研究热点前沿遴选的基础数据。

（2）农业学科热点前沿的遴选

为了从上述 17 561个热点前沿基础数据中筛选出与农业各学科密切相关的研究热点及前沿，按以下步骤遴选：①ESI 数据库分类—WOS 学科分类—农业学科分类的类目映射；②研究热点前沿论文数据的人工分类标注；③基于期刊学科分类方法[①]的研究热点前

① 详见《面向 ESI 研究前沿数据的学科领域自动分类方法——以农业领域为例》，王成卓、孙巍、杨宇，《农业展望》，2021，17（8）。

沿学科分类判定3个阶段，通过层层迭代筛选，初步遴选出八大农业学科领域151个热点前沿，八大农业学科领域的内容界定详见表1-1。需要特别说明的是，那些核心论文集中包含极少数农业领域相关论文的研究热点前沿，不作为遴选对象。

表1-1 八大农业学科领域的内容界定

热点前沿学科分类	学科分类内容界定
作物科学	主要包含作物（粮食作物、经济作物、园艺作物等）种质资源、作物遗传育种、作物分子生物学与组学、作物栽培与耕作等方面内容
植物保护科学	主要包括农作物病原体、害虫的生物学及其防控研究、病虫害流行规律、病虫害监测预警与防控、农作物杂草鼠害、农业气象灾害、农业生物安全、植物检验检疫、转基因生物安全、植保生物技术、生物防治、化学防治等方面内容
畜牧兽医科学	畜牧科学主要包括畜禽动物种质资源与遗传育种、营养与饲养、动物生物技术与繁殖等内容，牧草种质资源与遗传育种、栽培与生产、牧草加工、草地灾害防控等内容，经济昆虫种质资源与遗传育种、经济昆虫的病害防控以及经济昆虫授粉与生态保护等方面内容； 兽医科学主要包括动物疫病、动物病原学与免疫学、动物兽用药物、临床兽医学、人畜共患病、宠物疫病、兽医公共卫生与安全以及实验动物学等方面内容
农业资源与环境科学	主要包括农业土壤学、植物营养与肥料学、农业水资源学、农业气象学、农业微生物学、农业生态学、农业环境学、乡村环境、农业区域发展与管理、都市农业发展等方面内容
农业信息与农业工程科学	农业信息科学主要包括农业情报学、农业大数据、农业信息技术、智慧农业等方面内容； 农业工程科学主要包括农业建筑、农业畜牧工程、农业排灌水工程、农业电气化工程、农村能源工程、土地利用工程、农业环境工程、农业材料工程以及农业机械化工程等方面内容
农产品质量与加工科学	主要包括农业质量标准与检测、农产品质量安全与控制、农产品加工、农产品贮藏与保鲜、食物营养与健康、食物安全与营养发展等方面内容
林业	主要包括林木种质资源、林木遗传育种、森林经理、森林保护、水土保持与荒漠化防治、森林工程与机械、造林学与技术、森林采运与利用、林木引种与驯化、森林培育、林副产品经营、木材料科学与工程、林产化学、森林基础科学、绿化建设、森林经济与政策、林木分子生物学以及林木细胞生物学等方面内容
水产渔业	主要包括水产种质资源、水产遗传育种、水产养殖、水产动物病害与免疫、水产生物技术、水产资源管理与利用、渔业环境、渔业生态灾害以及渔业装备与工程等方面内容

进一步组建由计量专家和八大农业学科领域专家组成的前沿遴选专家组，重点依据研究热点前沿的核心论文，对151个研究热点前沿学科判定的准确性以及研究热点前沿的重要度进行了审定，经多轮专家咨询研讨，最终遵循ESI数据库农业八大学科研究热点前沿的数量分布比例，共遴选获得2020年八大农业学科领域50个研究热点，其中有8个热

点最具前瞻性，被确定为农业研究前沿，进一步结合 *P*、CPT 重点前沿指标及专家意见，从中遴选出 9 个重点热点（其中包括 3 个研究前沿）。八大农业学科领域的热点及前沿数量分布情况如表 1-2 所示。

表 1-2 2020 年农业研究热点前沿在八大农业学科领域中的数量分布

学科领域	研究热点数（个）	研究热点中的前沿数（个）
作物	6	1
植物保护	7	1
畜牧兽医	7	1
农业资源与环境	8	1
农产品质量与加工	6	1
农业信息与农业工程	9	1
林业	3	1
水产渔业	4	1
合计	50	8

1.3.2 农业研究热点前沿的分析解读

本研究依次对各学科的全球农业研究热点前沿发展态势进行了总体分析，对各学科的重点热点前沿进行了详细的内容解读与分析。

1.3.2.1 农业学科热点前沿概览分析

本书分别对 8 个学科农业研究热点前沿一一进行了概览性统计分析，用表格展示了各重点热点前沿的核心论文的数量、被引频次以及核心论文平均出版年，由于分析的核心论文数据是基于 2014—2019 年的论文，核心论文平均出版年份介于 2014—2019 年。各学科研究热点前沿中施引论文（引用核心论文的论文）的年度分布用气泡图的方式展示。气泡大小表示每年施引文献的数量，大部分研究热点前沿的施引文献每年均有一定程度的增长，因此气泡图也有助于对农业研究热点前沿发展态势的理解。

1.3.2.2 重点研究热点前沿解读

主要围绕八大农业学科领域中 9 个重点热点前沿领域的国内专家群体，通过多方面综合考察专家对热点前沿解读工作的胜任度，最终为每个热点前沿遴选出 2~3 名解读专家，组建解读小组，协作完成一个研究热点前沿的解读工作。

本着从研究热点前沿的基础和发展两个方面展开解读的初衷，制定了《2020 农业研究热点前沿专家解读指南》，通过灵活的在线会议方式向各位专家介绍热点前沿解读目标、具体内容、流程、模版及解读过程中需要注意的具体细节问题等；建立在线专家解读沟通讨论组，及时接收专家反馈并解答解读过程中遇到的问题，采用“审核—反馈—再审核—研讨”机制，最终形成9份包括各研究热点前沿概览、发展态势及应用进展分析、发展趋势预测，以及国家机构活跃状况分析等内容的解读文档。本书中每个重点热点前沿的Top产出国家与机构文献计量分析部分，均通过两张表分别基于核心论文和施引文献对热点前沿国家、机构活跃状况进行了分析，揭示出热点前沿中贡献较大的国家和机构，探讨国家和机构在这些研究热点前沿发展中的研究布局。

1.3.3　农业研究热点前沿国家表现力分析

研究热点前沿，代表了研究领域内最重要或最新发展水平的理论或思想。在国家层面上对研究热点前沿进行分析，可以揭示其热点前沿研究的基础实力、潜在发展水平和引领地位，进而揭示其热点前沿研究的综合表现力。

研究热点前沿的核心论文来自ESI数据库中的高被引论文，即在同学科同年度中根据被引频次由高到低排列排在前1%的论文。核心论文具有较强的创新性，往往发挥着非同一般的引领作用。

从核心论文的角度来分析国家对研究热点前沿的基础表现力：用署名核心论文数份额来判断国家热点前沿基础贡献度，用署名为通讯作者的核心论文份额来判断国家热点前沿基础引领度，用署名核心论文的总被引频次份额来判断国家的热点前沿基础影响度。

引用核心论文的施引论文可以反映出核心论文所提出的技术、数据、理论在发表之后是如何被进一步发展的，即使这些引用核心论文的论文本身并不是高被引论文。因此施引论文是对重要发现的跟踪，对热点前沿的关注和发展，同时也对热点前沿的未来发展有潜在的影响和引领作用。

从施引论文的角度分析国家的热点前沿潜在表现力：用署名施引论文数份额来判断国家热点前沿潜在贡献度，用署名通讯作者的施引论文数份额来判断国家热点前沿潜在引领度，用署名施引论文的总被引频次份额来判断国家热点前沿潜在影响度。

本书提出的研究热点前沿表现力指数正是基于上述思想构建，用于从国家热点前沿贡献度、影响度和引领度3方面来重点揭示国家的热点前沿科技创新优劣势，为推动我国科技创新战略发展提供决策支撑。

1.3.3.1　研究热点前沿表现力指数

研究热点前沿表现力指数是衡量研究热点前沿活跃程度的综合评估指标。由于研究热点前沿本身是由一组高被引的核心论文和一组共同引用核心论文的施引论文组成的，因此，在研究热点前沿表现力指数的设计中，重点考虑了构成研究热点前沿的科技论文的产出规模（即国家作者署名论文量及国家通讯作者署名论文量）和影响力，并分别采用贡献度、引领度和影响度3个指标来表征，其底层是构成研究热点前沿的核心论文和施引论文数据。研究热点前沿表现力指数三级指标体系如图1-1所示。

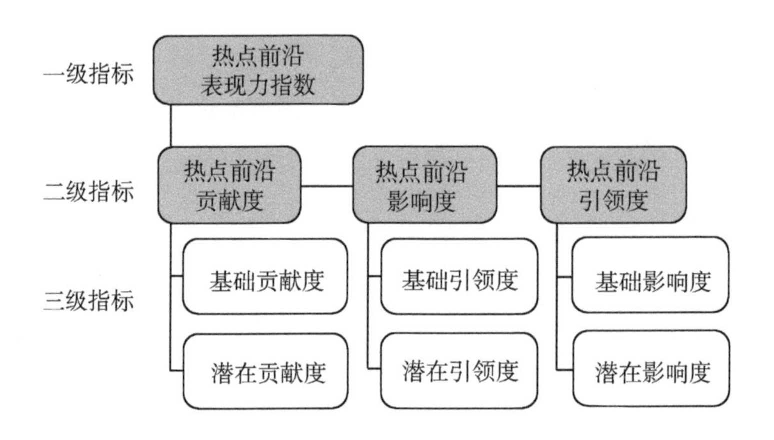

图1-1　研究热点前沿表现力指数三级指标体系

研究热点前沿表现力指数的测度对象可以是国家、机构、团队以及科学家个人等。本书重点从农业八大学科热点前沿的整体、各学科领域和特定研究热点前沿3个层面度量国家研究热点前沿表现力，揭示各国在50个研究热点前沿3个层面的科技创新活跃程度。

1.3.3.2　国家研究热点前沿表现力指数指标体系及计算方法

（1）一级指标：国家研究热点前沿表现力指数

国家研究热点前沿表现力指数是用于衡量对研究热点前沿有贡献的国家的核心论文和施引论文的产出规模和影响力的综合评估指标，具体计算方法为：

国家研究热点前沿表现力指数=国家贡献度+国家引领度+国家影响度

（2）二级指标：国家贡献度、国家影响度和国家引领度

国家贡献度是一个国家对研究热点前沿贡献的论文数量的相对份额，包括国家参与发表的核心论文占热点前沿中所有核心论文的份额（国家基础贡献度），以及施引论文占热点前沿中所有施引论文的份额（国家潜在贡献度）。具体计算方法为：

国家贡献度=国家基础贡献度（国家核心论文份额）+国家潜在贡献度（国家施引论文份额）

国家影响度是一个国家对研究热点前沿贡献的论文被引频次的相对份额，包括国家参与发表的核心论文的被引频次占热点前沿中所有核心论文被引频次的份额（国家基础影响度），以及施引论文的被引频次占热点前沿中所有施引论文被引频次的份额（国家潜

在影响度)。具体计算方法为：

国家影响度=国家基础影响度（国家核心论文被引频次份额）+国家潜在影响度（国家施引论文被引频次份额)

国家引领度是一个国家对研究热点前沿贡献的通讯作者论文数量的相对份额，包括国家以通讯作者署名的核心论文占热点前沿中所有核心论文的份额（国家基础引领度)，以及以通讯作者署名的施引论文占热点前沿中所有施引论文的份额（国家潜在引领度)。具体计算方法为：

国家引领度=国家基础引领度（国家通讯作者核心论文份额）+国家潜在引领度（国家通讯作者施引论文份额)

（3）三级指标：国家基础贡献度、国家潜在贡献度、国家基础影响度、国家潜在影响度、国家基础引领度和国家潜在引领度

具体算法如下。

国家基础贡献度=国家核心论文数/热点前沿核心论文总数

国家潜在贡献度=国家施引论文数/热点前沿施引论文总数

国家基础影响度=国家核心论文被引频次/热点前沿核心论文总被引频次

国家潜在影响度=国家施引论文被引频次/热点前沿施引论文总被引频次

国家基础引领度=国家通讯作者核心论文数/热点前沿核心论文总数

国家潜在引领度=国家通讯作者施引论文数/热点前沿施引论文总数

1.3.3.3 研究热点前沿国家表现力指数体系分析结构

本书第 10 部分重点从农业领域总体、学科领域研究热点前沿两个层面展开国家研究热点前沿表现力指数分析。

（1）农业领域总体分析

根据国家研究热点前沿表现力指数三级指标体系及各级指标计算方法，依次计算每个参与国家在农业八大学科领域的国家研究热点前沿表现力指数，并对各国在农业领域的国家研究热点前沿综合表现力指数进行排名和对比分析。

（2）分学科领域的研究热点前沿分析

针对每一个农业学科领域，根据国家研究热点前沿表现力指数三级指标体系及指标计算方法，依次计算出每个参与国家的学科研究热点前沿总体表现力指数，并对其进行排名；计算每个参与国家在各学科各热点前沿的表现力指数，进而重点对中国、美国、澳大利亚、加拿大、英国、意大利、德国、法国、印度和日本 10 个主要国家在各学科中的表现进行深入的比对分析，同时以附表的形式揭示了各热点前沿的国家表现力指数得分及排名情况。

2 作物学科领域

2.1 作物学科领域研究热点前沿概览

2020 年，作物学科领域 Top6 热点前沿主要集中在作物基因编辑技术、作物发育、代谢与抗性机制、作物品质改良与遗传调控等几大方向（表 2-1）。近年，作物基因编辑技术一直是本领域的热点前沿主题，继 2016 年“植物基因组定点编辑 TALEN 技术及其应用”、2017 年“植物基因组编辑技术及其在农作物中的应用研究”、2018 年“高效单碱基基因编辑技术及其在作物育种中的应用”、2019 年“基因组编辑技术及其在农作物中的应用”被入选为研究热点前沿后，2020 年，该方向的“作物单碱基编辑技术及其在分子精准育种中的应用”入选研究热点，研究侧重于技术在作物分子精准育种中的应用，具体进展详见本部分后续内容；作物发育、代谢与抗性机制方向，继 2019 年“植物生物刺激素与作物耐受逆境胁迫关系”的相关研究热潮后，“根系解剖结构和根系构型精准优化机制”和“作物对重金属的耐受及解毒措施”成为该方向 2020 年的主要研究热点。利用基因技术对作物品质进行改良与遗传调控的相关研究一直是本领域的研究热点，“植物基因转录与选择性剪切机制”“基于多组学和功能基因研究解析茶叶品质的形成机理”和“水稻粒型的分子调控机制”被遴选为本方向的研究热点前沿。

从热点前沿施引论文发文量变化趋势看（图 2-1），以上各热点前沿关注度基本上呈现逐年上升的趋势，其中“作物对重金属的耐受及解毒措施”“水稻粒型的分子调控机制”和“基于多组学和功能基因研究解析茶叶品质的形成机理”3 个研究热点受到的关注度最高，且逐年涨幅较明显。

表 2-1 作物学科领域 Top6 研究热点及前沿

序 号	类 别	研究热点或前沿名称	核心论文（篇）	被引频次	核心论文平均出版年
1	重点前沿	作物单碱基编辑技术及其在分子精准育种中的应用	10	659	2018. 2
2	热点	植物基因转录与选择性剪切机制	5	305	2017. 2
3	热点	作物对重金属的耐受及解毒措施	18	2 196	2017. 1
4	热点	水稻粒型的分子调控机制	21	1 746	2016. 9
5	热点	基于多组学和功能基因研究解析茶叶品质的形成机理	12	957	2016. 9
6	热点	根系解剖结构和根系构型精准优化机制	5	552	2014. 6

	2014年	2015年	2016年	2017年	2018年	2019年	2020年
作物单碱基编辑技术及其在分子精准育种中的应用	0	0	0	0	34	127	129
植物基因转录与选择性剪切机制	0	3	18	22	42	93	60
作物对重金属的耐受及解毒措施	0	8	54	118	280	359	442
水稻粒型的分子调控机制	0	2	45	123	210	315	246
基于多组学和功能基因研究解析茶叶品质的形成机理	1	12	50	58	108	117	177
根系解剖结构和根系构型精准优化机制	10	28	61	58	90	97	65

图 2-1 作物学科领域研究热点前沿施引论文量的增长态势

2.2 重点前沿——“作物单碱基编辑技术及其在分子精准育种中的应用”

2.2.1 “作物单碱基编辑技术及其在分子精准育种中的应用”研究前沿概述

在农业生产中，不同作物品种间的农艺性状或表型差异主要是由单核苷酸多态性（SNP）所形成的，SNP 通过影响基因的功能从而产生表型和农艺性状的多样性。利用与重要农艺性状相关联的 SNPs 位点对作物品种进行遗传改良具有重要的价值。对基因组靶位点特定碱基进行定向替换，可实现靶基因定向功能激活或者丧失，这对于基因功能研究和作物遗传改良具有重要作用。因此，建立高效便捷的作物单碱基编辑技术将有利于人工高效精准创制基因功能获得型新材料和作物新种质，促进作物基因功能解析和加速下游的作物分子育种改良进程，同时，对保障粮食安全和发展农业生产具有重要的战略意义。

尽管利用同源重组修复介导的基因插入技术可实现靶碱基的定向编辑，然而较低的编辑效率和所依赖的双链 DNA 断裂（DSBs）限制了其广泛使用。目前，研究人员通过将 CRISPR/Cas 系统与核酸脱氨酶结合建立了真正意义上的单碱基编辑技术，实现了对基因组靶碱基的定向替换，从而达到了可定向改变编码氨基酸或者调控元件的目的。目前作物中已建立了两类单碱基编辑技术，分别是实现碱基对 C：G 向 T：A 转换的胞嘧啶碱基编辑技术（Cytosine Base Editor，CBE）和碱基对 T：A 向 C：G 转换的腺嘌呤碱基编辑技术（Adenine Base Editor，ABE）。在此基础上，研究人员利用该技术在多个作物中进行了遗传改良工作并提出了单碱基编辑介导的作物内源基因定向进化的技术理念。

对于作物单碱基编辑技术领域而言，尽管目前已取得了诸多重要的研究进展，但是该技术仍然面临难点和挑战。由于 Cas 蛋白识别靶序列时需要特定 PAM 序列，碱基编辑存在编辑活性窗口，以及编辑位点的固定性等因素，使得碱基编辑的应用范围和编辑效果受到限制和影响。目前的作物单碱基编辑类型主要为碱基对 C：G 与 T：A 间的互换和少量的 C 向 G、T、A 替换，尚无法高效地实现任意碱基间的替换。此外，CBE 中的胞嘧啶脱氨酶还存在一定的非靶标脱氨活性，造成基因组内的非靶标碱基被编辑的现象。这些都是目前科研人员重点关注和亟待解决的问题。

2.2.2 “作物单碱基编辑技术及其在分子精准育种中的应用”发展态势及重大进展分析

本前沿的核心论文 10 篇，施引论文 303 篇。主要介绍了作物单碱基编辑技术的建立、优化及其在作物分子育种中的应用，集中在以下几个方面：①作物胞嘧啶碱基编辑系统的建立和优化；②作物腺嘌呤碱基编辑系统的建立和优化；③基于单碱基编辑的植物内源基因人工进化；④单碱基编辑技术在作物分子育种中的应用。

2.2.2.1 作物胞嘧啶碱基编辑系统的建立和优化

胞嘧啶碱基编辑技术是由切口酶 Cas9n［即 Cas9（D10A）］和胞嘧啶脱氨酶（rAPOBEC1、hAPOBEC3A、AID 和 PmCDA1 等）组成的碱基编辑器，在 gRNA 引导下结合在基因组靶位点。此时胞嘧啶脱氨酶可将编辑活性窗口内的靶碱基胞嘧啶 C 脱氨形成尿嘧啶 U，U 在 DNA 复制和修复过程中逐渐被替换为其余 3 种碱基（主要为胸腺嘧啶 T）。尿嘧啶糖基化抑制酶剂 UGI 的存在可提高 C 向 T 转换的概率。自 2016 年 5 月初，美国哈佛大学最早在人类细胞中报道了胞嘧啶碱基编辑技术 BE3 后，中国农业科学院作物科学研究所、中国科学院上海植物逆境生物学研究中心、中国农业科学院植物保护研究所、中国科学院遗传与发育生物学研究所和中国农业大学等科研机构利用大鼠的胞嘧啶脱氨酶rAPOBEC1 和 Cas9n 相继在水稻、小麦、玉米和拟南芥中建立了作物胞嘧啶碱基编辑技术BE3。与此同时，日本神户大学利用脱氨酶 PmCDA1 在水稻和番茄中建立了胞嘧啶碱基编辑技术。

前期的植物胞嘧啶碱基编辑工具 BE3 主要利用 rAPOBEC1，但是该脱氨酶对靶碱基 C 的 5′端碱基种类敏感，对 TC 和 CC 具有偏好性，而对 GC 和 AC 的编辑效率很低。因此，中国农业科学院植物保护研究所率先选用对 GC 和 AC 具脱氨活性的人源激活诱导性胞嘧啶脱氨酶的高活性突变体 hAID＊Δ 对胞嘧啶碱基编辑技术进行优化升级，获得无碱基偏好性的水稻胞嘧啶碱基编辑工具 rBE9，实现了对 GC 丰富区域的碱基编辑，同时碱基编辑效率也得到了提高。上海科技大学生命学院与中国科学院马普计算生物学研究所合作利用人源胞嘧啶脱氨酶 hAPOBEC3A 获得了无碱基偏好性的胞嘧啶碱基编辑技术。中国科学院遗传与发育生物学研究所也将 hAPOBEC3A 应用于作物中。现有的胞嘧啶碱基编辑技术能将编辑活性窗口内的靶碱基均进行脱氨和替换。为了实现更为精准的碱基编辑，哈佛医学院在人类细胞中使用工程化 hAPOBEC3A 减少靶碱基周边的碱基替换。

作物胞嘧啶碱基编辑技术优化的另一个方面是通过选用识别不同 PAM 的 SpCas9 突变体及其同源物来扩展作物胞嘧啶碱基编辑技术的应用范围。中国农业科学院植物保护研究所利用识别 NGA PAM 的 SpCas9-VQR、识别 NG PAM 的 SpCas9-NG 和识别 NNG PAM 的 ScCas9，中国科学院上海植物逆境生物学研究中心和安徽农业科学院利用识别 NNGRRT PAM 的 SaCas9 及其突变体 SaCas9-KKH，对水稻胞嘧啶碱基编辑技术进行了优化。日本国立农业与食品产业技术综合研究机构利用 SpCas9-NG 对拟南芥胞嘧啶碱基编辑技术进行了优化。这些 SpCas9 突变体及其同源物的应用扩展了作物胞嘧啶碱基编辑的应用范围。

2.2.2.2 作物腺嘌呤碱基编辑系统的建立和优化

腺嘌呤碱基编辑技术通过将腺嘌呤脱氨酶融合在 Cas9n 上形成腺嘌呤碱基编辑器，将腺嘌呤 A 脱氨而形成次黄嘌呤 I，DNA 复制过程中 I 可被识别为鸟嘌呤 G 而与 C 形成碱基对，从而实现 A 向 G 的定向替换。尽管自然界中没有发现以 DNA 为受体的腺嘌呤脱氨酶，但是美国哈佛大学对大肠杆菌 tRNA 腺嘌呤脱氨酶 TadA 进行定向进化改造，成功筛选获得能对 DNA 腺嘌呤进行脱氨作用的 TadA7. 10。通过将野生型 wtTadA 与 TadA7. 10 形成的二聚体和 Cas9n 结合建立了首个腺嘌呤碱基编辑工具。中国农业科学院植物保护研究所和中国科学院上海植物逆境生物学研究中心将腺嘌呤碱基编辑技术应用于水稻中，实现了水稻基因组中腺嘌呤 A 向鸟嘌呤 G 的定向突变。随后中国科学院遗传与发育生物学研究所和韩国基础科学研究所在小麦和拟南芥中也建立了腺嘌呤碱基编辑技术。

与胞嘧啶碱基编辑技术中存在多种可用脱氨酶不同，目前已发现可用于腺嘌呤碱基编辑技术的脱氨酶仅有改造后的大肠杆菌 tRNA 腺嘌呤脱氨酶 TadA *。所以在作物中对腺嘌呤碱基编辑技术的优化主要集中在 CRISPR/Cas9 系统上。中国科学院上海植物逆境生物学研究中心、安徽农业科学院和中国农业科学院植物保护研究所等科研机构相继将 SaCas9、SaCas9-KKH、SpCas9-NG 和 ScCas9 引入水稻腺嘌呤碱基编辑技术，拓宽了该技术的靶向范围。中国科学院遗传与发育生物学研究所对 sgRNA 种类和 Spacer 序列长度进行优化，发现含 20bp Spacer 的 esgRNA 具有最佳的腺嘌呤编辑效率。

与动物细胞腺嘌呤碱基编辑技术中需要 wtTadA-TadA7.10 二聚体进行脱氨不同，中国科学院上海植物逆境生物学研究中心发现在作物中仅使用 TadA7.10 单聚体，也能实现腺嘌呤碱基编辑，并且简化后的 TadA7.10 单聚体介导的腺嘌呤碱基编辑技术的编辑效率显著高于二聚体的效率。美国哈佛大学和美国 Beam Therapeutics 公司再次对 TadA 进一步地进行定向进化改造，分别获得了编辑效率更高的 TadA8e 和 TadA8.17 等突变体，期待这些新的 TadA 突变体能够对优化改进植物腺嘌呤碱基编辑技术提供方向。

2.2.2.3 利用作物单碱基编辑技术进行农作物内源基因定向进化

作物育种是通过改变遗传信息进而筛选获得具有优良性状的生物材料的过程。遗传信息的改变主要来源于自然突变或者人为诱变，自然变异速率慢且资源有限，人为诱变虽能加速变异过程，但这二者都需要大量的人力和物力进行挖掘筛选，且突变随机发生。此外，随着大量作物的基因组信息公布，如何利用这些基因组信息挖掘改造优良基因以及创制培育新品种仍是难题。

有鉴于此，中国农业科学院植物保护研究所提出了单碱基编辑介导的作物内源基因定向进化理念，在植物细胞内人工模拟自然界基因进化过程，短时间内创制成千上万个靶基因的新等位基因材料，筛选和快速鉴定关键遗传变异位点，并迅速地将感兴趣的功能变异位点引入到生产品种中，进行生产品种精准改良。中国科学院遗传与发育生物学研究所和中国农业科学院合作，通过将胞嘧啶脱氨酶和腺嘌呤脱氨酶同时融合到 Cas9n 构建了新型的饱和靶向内源诱变编辑器，在作物体内实现同时诱导 C：G>T：A、A：T>G：C 双碱基编辑，并将其运用于作物基因的定向进化和功能筛选。利用这些策略，中国农业科学院植物保护研究所、中国科学院遗传与发育生物学研究所和安徽农业科学院相继选取水稻中除草剂靶标基因 *OsALS*1 全长编码区和 *OsACC* 羧基转移酶结构域编码序列进行近似饱和诱变，通过除草剂筛选，最终成功获得除草剂抗性水稻新种质。相对于传统育种，借助定向进化策略，从新等位基因挖掘到实际生产应用，整个育种过程大大缩短，也将长期相对独立的功能基因组学研究和农作物分子育种应用有机地整合到一起。

2.2.2.4 作物单碱基编辑技术进行快速农作物分子精准育种

作物单碱基编辑技术自建立以来，迅速地被用于农作物的分子精准育种中，其中，应用最广泛的就是通过利用该技术修饰改造除草剂靶标基因而创制获得了一批具除草剂抗性且无转基因成分的种质材料。中国农业大学利用胞嘧啶碱基编辑器 BE3 将拟南芥 *AtALS* 的第 197 位脯氨酸突变为丝氨酸或苯丙氨酸，获得了具除草剂苯磺隆抗性的拟南芥材料。中国农业大学和北京农林科学院合作在西瓜中利用 BE3 创制获得具苯磺隆抗性的西瓜种质 ClALS（P190S）。日本神户大学通过碱基编辑器 Cas9n-PmCDA1 对水稻 *ALS* 进行碱基编辑，也获得了具除草剂甲氧咪草烟抗性的水稻材料 OsALS（A96V）。类似地，中国科学院遗传与发育生物学研究所利用单碱基编辑技术分别对小麦 *TaALS* 和水稻 *OsACC* 进行碱基编辑，获得了具除草剂烟嘧磺隆抗性的小麦材料 TaALS（P194F）与 TaALS（P174F/S）以及抗除草剂氰吡甲禾灵的水稻材料 OsACC（C2186R）。中国农业科学院植物保护研究所通过腺嘌呤编辑技术编辑水稻微管蛋白基因 *OsTubA2* 创制获得了抗二硝基苯胺类除草剂二甲戊灵和氟乐灵水稻新种质。

利用碱基编辑技术介导的碱基精准替换可用于矫正修饰农艺性状相关基因，改良作物抗性和品质等。中国农业科学院植物保护研究所利用胞嘧啶碱基编辑技术将水稻感病基因 *pi-d2* 回复突变为抗病基因 *Pi-d2*。法国农业科学研究院通过胞嘧啶碱基编辑技术创制获得了抗病毒拟南芥材料 eIF4E（N176K）。通过碱基编辑技术改变感病基因的功能使其赋予植物抗病性，并最大限度地降低该基因功能丧失对植物生长发育造成的不良影响。在作物品质改良方面，中国科学院遗传与发育生物学研究所通过利用胞嘧啶碱基编辑技术对 *Wx* 基因进行碱基编辑，以实现精细调控水稻直链淀粉含量。

2.2.3 “作物单碱基编辑技术及其在分子精准育种中的应用”发展趋势预测

作物单碱基编辑技术在作物基础科研和应用研究中已显现出巨大的潜力和价值，推动生命科学研究从“基因挖掘解读”到“基因改造设计”的发展进步，可预测其终将成为未来农业领域的关键技术。尽管目前已取得了诸多重要的研究进展，但作物单碱基编辑技术仍有重要技术问题亟待突破。

目前，作物单碱基编辑类型主要为碱基对 C：G 与 T：A 间的互换和少量的 C 向 G、T、A 替换，尚无法高效地实现任意碱基间的替换。作物引导编辑技术仍处于初期，其编辑效率很低，还需要进一步的优化提高编辑效率。中国科学院天津工业生物技术研究所和麻省总医院相继在 CBE 的基础上，将 UGI 替换为尿嘧啶 DNA 糖基化酶（UNG），构建了新型碱基编辑技术，可实现 C 向 G 的定向突变，这为作物中实现多种碱基编辑类型提供了思路。随着越来越多的可用于基因组编辑的新 CRISPR 系统和 Cas 蛋白及其突变体被挖掘报道和定向改造，将极大地扩宽单碱基编辑应用范围。挖掘新的核酸脱氨酶和修饰酶及其人工改造，也有利于改良碱基编辑活性窗口和提高编辑效率和特异性。

未来还需要不断结合农作物泛结构基因学研究筛选鉴定新的有价值的农艺性状相关 SNP 位点，并借助单碱基编辑技术将其直接应用于作物分子精准育种中。进一步优化和完善单碱基编辑介导的作物内源基因定向进化技术，提高其变异丰富度，简化表型筛选鉴定流程，促进其在产量、抗逆、株型、品质等农艺性状关联基因人工进化中的应用。尽快进行单碱基编辑作物的生物安全性评估，确定其监管政策，为其快速安全地推广应用提供依据和保障。

2.2.4 “作物单碱基编辑技术及其在分子精准育种中的应用”研究前沿 Top 产出国家与机构文献计量分析

从本重点前沿核心论文的 Top 产出国家来看（表 2-2），中国贡献了 7 篇，美国贡献了 4 篇，分别占核心论文总量的 70.00%和 40.00%，遥遥领先于其他国家。其次是日本和韩国，参与的核心论文量均为 1 篇，占总量的 10.00%。可见中国和美国在此前沿领域研究非常活跃，具有较高的影响力和竞争优势。从核心论文产出机构看，排名前六位的机构列表中共包含 23 家机构，其中来自中国和美国的研究机构均有 7 家，6 家机构来自日本，3 家机构来自韩国。上述统计结果表明我国的基础研究能力较强，中国科学院、中国农业科学院、四川大学、浙江大学等均是该领域极具科研竞争力的优势机构。

表 2-2 “作物单碱基编辑技术及其在分子精准育种中的应用”研究前沿核心论文的 Top 产出国家和机构

排名	国家	核心论文（篇）	比例（%）	排名	机构	核心论文（篇）	比例（%）
1	中国	7	70.00	1	中国科学院（中国）	5	50.00
2	美国	4	40.00	2	中国农业科学院（中国）	2	20.00
3	日本	1	10.00	2	普渡大学系统（美国）	2	20.00
4	韩国	1	10.00	2	四川大学（中国）	2	20.00
				2	浙江大学（中国）	2	20.00
				6	波士顿儿童医院（美国）	1	10.00
				6	丹娜法伯癌症研究院（美国）	1	10.00
				6	爱媛大学（日本）	1	10.00

（续表）

排 名	国 家	核心论文（篇）	比 例（%）	排 名	机 构	核心论文（篇）	比 例（%）
				6	哈佛医学院（美国）	1	10.00
				6	哈佛大学（美国）	1	10.00
				6	河南科技大学（中国）	1	10.00
				6	韩国基础科学研究所（韩国）	1	10.00
				6	艾奥瓦州立大学（美国）	1	10.00
				6	钟渊化学工业株式会社（日本）	1	10.00
				6	麻省总医院（美国）	1	10.00
				6	南昌大学（中国）	1	10.00
				6	日本国立农业与食品产业技术综合研究机构（日本）	1	10.00
				6	日本国家农业科学院（日本）	1	10.00
				6	首尔国立大学（韩国）	1	10.00
				6	上海科技大学（中国）	1	10.00
				6	韩国科学技术联合大学院大学（韩国）	1	10.00
				6	东京大学（日本）	1	10.00
				6	横滨市立大学（日本）	1	10.00

注：表中的核心论文数为国家或机构所参与的核心论文数，名次并列的国家或机构，其排名不分先后。中国发表的各领域核心论文详见附录I。

核心数据更新时间：2020年3月。

后续内容中各热点前沿核心论文的Top产出国家和机构表的注释相同，不再赘述。

从后续引用本重点前沿核心论文的施引论文量来看（表2-3），中国共有157篇，占该前沿施引论文总量的50.83%，遥遥领先于其他国家。美国共有95篇，占该前沿施引论文总量的31.35%。中国和美国一起构成该前沿的第一梯队，其施引论文量均远超其他国家。排名第三的是德国，拥有23篇施引论文，占该前沿施引论文总量的7.59%。其与韩国、印度、日本、英国和法国构成该前沿的第二梯队，均拥有至少10篇的施引论文。澳大利亚和加拿大分别有8篇和7篇施引论文，形成第三梯队。施引论文量排名前十位的12家机构中，7家来自中国，其余5家均来自美国。其中，中国科学院以64篇位列第一，占本前沿施引论文总量的 21.12%，中国农业科学院紧随其后，拥有 29 篇施引文献。表明在本重点前沿研究中，中国和美国及其研究机构无论在基础研究还是在后续的发展研究中均占据了绝对优势。

表 2-3 “作物单碱基编辑技术及其在分子精准育种中的应用”研究前沿施引论文的 Top 产出国家和机构

排名	国家	施引论文（篇）	比例（%）	排名	机构	施引论文（篇）	比例（%）
1	中国	157	50.83	1	中国科学院（中国）	64	21.12
2	美国	95	31.35	2	中国农业科学院（中国）	29	9.57
3	德国	23	7.59	3	哈佛大学（美国）	16	5.28
4	韩国	21	6.93	4	上海科技大学（中国）	15	4.95
5	印度	19	6.27	5	霍华德·休斯医学研究所（美国）	14	4.62
6	日本	13	4.29	6	麻省理工学院（美国）	13	4.29
6	英国	13	3.30	7	博德研究所（美国）	11	3.63
8	法国	10	3.30	7	吉林大学（中国）	11	3.63
9	澳大利亚	8	2.64	9	中国农业大学（中国）	10	3.30
10	加拿大	7	2.31	9	广州再生医学与健康广东省实验室（中国）	10	3.30
				9	上海交通大学（中国）	10	3.30
				9	加利福尼亚大学系统（美国）	10	3.30

注：表中的施引论文数为国家或机构所参与的核心论文的施引论文数，名次并列的国家或机构，其排名不分先后。中国发表的各领域核心论文详见附录 I。

施引论文数据更新时间：2020 年 10 月。

后续内容中各热点前沿施引论文的 Top 产出国家和机构表的注释相同，不再赘述。

3 植物保护学科领域

3.1 植物保护学科领域研究热点前沿概览

植物保护学科领域 Top7 研究热点前沿主要集中在农药设计技术、作物病害生物学及防治、入侵害虫生物防治，以及农药对环境影响等方面的研究（表 3-1）。在农药设计技术研究中，“分子对接等技术在新农药设计及活性结构改造中的应用”是 2020 年新入选的研究前沿；“柑橘黄龙病菌的传播途径及其对果树的危害”“疫霉病菌对主要园林植物的危害及其防治”及“植物双生病毒的分类、传播机理及综合防治”入选为作物病害生物学方向研究热点；入侵生物防控研究方向，“番茄潜叶蛾的传播及综合治理”和“入侵害虫斑翅果蝇的生物学特征及其防治”入选为研究热点；继 2016 年“新烟碱类杀虫剂对蜜蜂等授粉昆虫毒性影响的实际田间研究”入选研究前沿，2019 年“新烟碱类农药对非靶标生物的影响”入选为作物生物防治方向的研究热点后，2020 年，新烟碱杀虫剂再次成为关注的热点，“新烟碱杀虫剂的环境污染与健康危害”入选为研究热点。

从热点前沿施引论文发文量变化趋势看（图 3-1），以上各热点前沿关注度基本上呈现逐年上升的趋势，其中，新烟碱杀虫剂的影响研究、作物病害虫害的相关研究，以及入侵害虫的生物学特征及防治研究，一直是本领域高度关注的研究热点，且关注度在持续升高。

表 3-1　植物保护学科领域 Top7 研究热点及前沿

序　号	类　别	研究热点或前沿名称	核心论文（篇）	被引频次	核心论文平均出版年
1	前沿	分子对接等技术在新农药设计及活性结构改造中的应用	8	287	2018. 3

（续表）

序　号	类　别	研究热点或前沿名称	核心论文（篇）	被引频次	核心论文平均出版年
2	热点	柑橘黄龙病菌的传播途径及其对果树的危害	12	427	2017.8
3	热点	疫霉病菌对主要园林植物的危害及其防治	5	256	2017.4
4	重点热点	番茄潜叶蛾的传播及综合治理	17	1 306	2016.8
5	热点	植物双生病毒的分类、传播机理及综合防治	6	1 062	2016.5
6	热点	入侵害虫斑翅果蝇的生物学特征及其防治	26	2 442	2016.2
7	热点	新烟碱杀虫剂的环境污染与健康危害	11	2 925	2014.7

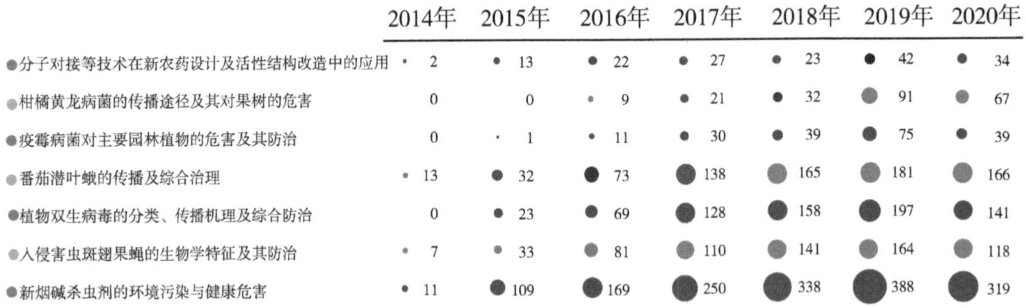

	2014年	2015年	2016年	2017年	2018年	2019年	2020年
分子对接等技术在新农药设计及活性结构改造中的应用	2	13	22	27	23	42	34
柑橘黄龙病菌的传播途径及其对果树的危害	0	0	9	21	32	91	67
疫霉病菌对主要园林植物的危害及其防治	0	1	11	30	39	75	39
番茄潜叶蛾的传播及综合治理	13	32	73	138	165	181	166
植物双生病毒的分类、传播机理及综合防治	0	23	69	128	158	197	141
入侵害虫斑翅果蝇的生物学特征及其防治	7	33	81	110	141	164	118
新烟碱杀虫剂的环境污染与健康危害	11	109	169	250	338	388	319

图 3-1　植物保护学科领域研究热点前沿施引论文量的增长态势

3.2　重点热点——“番茄潜叶蛾的传播及综合治理”

3.2.1　“番茄潜叶蛾的传播及综合治理”研究热点概述

番茄潜叶蛾是鳞翅目麦蛾科的一种昆虫，又名南美番茄潜叶蛾、番茄潜麦蛾、番茄麦蛾，原产地是南美洲西部的秘鲁。番茄潜叶蛾主要以幼虫潜食叶肉，蛀食果实以及顶芽、顶梢、果萼等进行直接为害，常造成寄主植物叶片焦枯、果实脱落、顶芽枯死、幼苗毁种重播等。番茄潜叶蛾的寄主植物有 9 科 39 种，但该虫最喜欢取食为害番茄（包括鲜食番茄、樱桃番茄和加工番茄等）、马铃薯、茄子、烟草等茄科植物，如果防治不及时或防控措施不得当，常常会造成番茄减产 80%~100%。番茄潜叶蛾的传播扩散速度很快，每年可以传播扩散 800 千米。因此，该虫是世界番茄的毁灭性害虫，欧美等发达国家的重要检疫性有害生物，同时也是 2017 年以来世界公认的 Top20 重大植物害虫之一。

一直以来，大范围的使用化学农药是控制番茄潜叶蛾发生和为害的首选措施，尤其是在番茄潜叶蛾入侵到一个新区域的最初几年。尽管农药配方助剂和喷药技术等可以在一定程度上提高化学药剂的防控效果，但由于该虫在田间定殖得比较早，育苗期即可定殖为害。此外，幼虫隐蔽性强，既可在叶片里面潜食为害，还可蛀食果实，钻蛀顶芽、顶梢和嫩茎等。成虫的产卵量也比较高，每头雌虫产卵 260~350 粒，且寄主植物番茄适宜幼虫直接为害的营养生长期和结果时期均比较长，植株冠层又能为其提供庇护作用。因此，即使是高强度地使用化学农药，防治效果也不是很理想，还进而导致化学药剂不断更替使用。例如，进入 21 世纪以来，使用的杀虫剂种类主要有吡咯腈和多杀菌素（多杀霉素）；2010 年以来，主要是以氯虫酰胺类和氟虫酰胺类杀虫剂为主。然而近几年来，该虫对酰胺类杀虫剂也产生了抗药性。对此，以化学药剂防治番茄潜叶蛾的失利原因以及该虫对酰胺类药剂的抗性机制，成为有效控制番茄潜叶蛾亟待解决的科学问题。

生物防治，尤其是基于捕食性天敌昆虫的生物防治技术，在番茄潜叶蛾防控中具有举足轻重的作用，尤其是半翅目盲蝽科昆虫，如烟盲蝽、小盲蝽等，对番茄潜叶蛾均有良好的控制作用。盲蝽科昆虫多具有植食和肉食（即捕食）的特性，而田间防治番茄潜叶蛾时常常使用化学药剂。因此，研究明确寄主植物—番茄潜叶蛾—猎物（盲蝽）的三级营养关系，以及化学药剂对捕食性天敌盲蝽的影响，将有助于更好地利用捕食性天敌昆虫，实现番茄潜叶蛾的可持续控制。

3.2.2 “番茄潜叶蛾的传播及综合治理”发展态势及重大进展分析

本研究热点的核心论文共计 17 篇，施引论文 798 篇，主要集中讨论了番茄潜叶蛾的传播趋势、化学防治及生物防治等综合治理措施。重点研究内容主要集中在两个方面，一是番茄潜叶蛾的传播，包括传播趋势、传播途径以及分布现状；二是番茄潜叶蛾的控制，包括传统的生物防治及其防效提高策略，对双酰胺类药剂的抗性和机制，以及杀虫剂对捕食性天敌的影响等，这为预防预警番茄潜叶蛾的传播扩散趋势，以及有效控制其发生和危害提供了参考。

3.2.2.1 番茄潜叶蛾的传播趋势

国际贸易和人员流动的日趋频繁，不仅加剧了外来入侵生物传入的风险，也加快了其跨境、跨地域传播。法国国家农业食品与环境研究院的研究人员就番茄潜叶蛾在欧洲的传播趋势、传播途径等进行了综述。在 20 世纪 80 年代之前，该虫主要在南美洲—新热带区发生和为害。尽管早在 2004 年，欧洲和地中海植物保护组织（EPPO）就将番茄潜叶蛾列为 A1 类检疫性有害生物，且当时欧盟拥有组织良好的植物保护机构，然而 2006 年年底该虫还是随着鲜食番茄的国际贸易活动从南美洲的智利入侵到了欧洲的西班牙。同时由于欧盟内部各成员国之间的农产品贸易往来实行免检制，且缺乏协调一致的防控行动，相关的应急防控措施在阻止番茄潜叶蛾传播扩散中未能发挥应有的作用，致使该虫只用了短短3年时间便快速扩散到了整个地中海流域，凡是种植番茄的区域都有了番茄潜叶蛾的发生与为害，并且每年以800千米的速度向东（包括东欧、西亚、中亚等）和向南（包括希腊、北非、中非、南非等）快速推进。

近年来随着全球经济一体化进程的加快，番茄潜叶蛾的传播扩散更加迅速。法国国家农业食品与环境研究院和卡塔尼亚大学的研究人员对番茄潜叶蛾近年来的分布现状进行了总结。截至2017年，番茄潜叶蛾向东已经扩散到印度西部、巴基斯坦北部和塔吉克斯坦西部等地；南向，2008年该虫跨越地中海抵达了摩洛哥。自此，非洲大陆在短短8年时间内几乎全部被入侵，到2016年已经到达了南非。截至2019年年底，番茄潜叶蛾已经在南美洲、欧洲、中美洲、非洲和亚洲的110个国家/地区发生（87个）或疑似发生（23个）。其中，欧洲29个国家/地区发生；非洲24个国家/地区发生，14个国家/地区疑似发生；中美洲2个国家发生；亚洲22个国家/地区发生，6个国家/地区疑似发生；南美洲10个国家/地区发生，3个国家/地区疑似发生。2017年，首次发现番茄潜叶蛾入侵中国。

3.2.2.2 番茄潜叶蛾的综合治理

化学防治是当前控制番茄潜叶蛾最为有效的方法。然而，施用化学药剂在防治番茄潜叶蛾的同时，也由于其幼虫的隐蔽为害特性，不仅使番茄潜叶蛾对多种类型的杀虫剂产生了抗性，也影响了天敌昆虫对番茄潜叶蛾的控制效果。近年来，番茄潜叶蛾对双酰胺类杀虫药剂的抗性和抗性机制，以及化学防治失利的原因被陆续发现。因此，开展番茄潜叶蛾的综合治理研究迫在眉睫，成为当前该领域的研究热点。

（1）早期监测及性信息素诱捕

利用人工合成的雌性性信息素，对番茄潜叶蛾进行早期监测和大量诱捕是综合防治该害虫的有效措施之一。尤其在番茄潜叶蛾为害初期，采用性诱剂诱捕番茄潜叶蛾雄虫，一方面用于监测当地种群发展趋势，另一方面可以降低田间该害虫的种群数量。在阿根廷的保护地番茄园中，每公顷设置48个带性信息素的诱捕器可大大降低田间种群数量，减少叶面危害。另外，性信息素诱芯与水陷阱结合也能显著提高番茄潜叶蛾成虫的诱捕效果。

（2）番茄抗性品种的选育

培育抗番茄潜叶蛾的番茄品种/品系是一种备受期待的综合管理策略。自20世纪90年代以来，栽培番茄极易受到番茄潜叶蛾的为害。虽然在番茄的种质库中发现了番茄潜叶蛾抗性的遗传来源，但最有希望的抗性遗传来源是野生番茄。番茄对番茄潜叶蛾的抗性主要依赖于叶片的化感物质或腺毛的密度，这也是目前抗性番茄育种的研究热点。腺毛，特别是含有2-十三烷酮、姜黄烯和酰基糖的腺毛，对番茄潜叶蛾具有很好的抑制作用。这些化合物对成虫产卵和幼虫的取食均极为不利，常对其具有驱避性并对幼虫具有毒性，进而形成抗生作用。此外，对2-十三烷酮的初步研究业已转向了提高叶片姜黄烯和酰基糖的含量的研究。目前已获得了高酰基糖的选育种系，并有望投放市场。

研究番茄的诱导抗性机制也是当前的热点之一。番茄潜叶蛾作为一种咀嚼式口器昆虫，触发了茉莉酸（JA）通路，由于不同的植物防御途径相互作用，可能增强了植物对各种害虫的防御能力。这种诱导可能涉及以下3方面：①对害虫有毒的防御性化感物质的组成表达；②吸引天敌的挥发性化合物（VOCs）的释放；③防止番茄潜叶蛾寻找寄主植物所必需的挥发物的释放。控制番茄对番茄潜叶蛾的抗性是一种最具应用前景的管理策略，但也有误区。例如，仅关注构成抗性可能会妨碍识别番茄害虫综合治理的关键机制。防御反应途径是相互联系的，抗性的时空模式可能影响在同一植物上生长的各种害虫和有益物种。总的来说，控制对番茄潜叶蛾的抗性可能会影响番茄上的微观和宏观生物群落，从而对产量产生意想不到的级联效应，值得科研人员进一步深入研究。

（3）生物防治

基于天敌昆虫的生物防治策略逐渐成为控制番茄潜叶蛾的重要手段。番茄潜叶蛾的天敌资源丰富，达到160种，主要包括捕食性天敌和寄生性天敌。捕食性天敌以盲蝽类为主，比如短小长颈盲蝽 *Macrolophus pygmaeus*（Rambur）和烟盲蝽 *Nesidiocoris tenuis* Reuter，它们以番茄潜叶蛾的卵或低龄幼虫为食，但不足的是它们也能直接为害植物，限制了应用范围。寄生性天敌以卵寄生蜂为主，主要为短管赤眼蜂 *Trichogramma pretiosum*、甘蓝夜蛾赤眼蜂 *T. brassicae* 和幼虫寄生蜂（主要来自茧蜂科和姬小蜂科，典型代表为潜叶蛾伲姬小蜂 *Necremnus tutae*）。有研究表明，赤眼蜂以潜叶蛾的卵为控害对象，防控窗口期太短，防治效果不理想。相反，幼虫寄生蜂的窗口期比较长，一般可以控害2~3个龄期的潜叶蛾幼虫，防控成功率大、效果好，被广泛用于番茄潜叶蛾的生物防治。

（4）化学防治及抗性机制

在2006年番茄潜叶蛾入侵西班牙之前，多种杀虫剂已经在南美洲国家广泛用于防治番茄潜叶蛾，这也导致该害虫对这些杀虫剂产生了高水平的抗药性。20世纪90年代，研究人员在智利的番茄潜叶蛾种群中检测到有机磷和拟除虫菊酯类杀虫剂的高水平抗药性。进入21世纪，阿维菌素和杀螟丹的抗性也很快在巴西的番茄潜叶蛾种群中检测到。2010年后，茚虫威、多杀菌素和双酰胺类杀虫剂的高抗性水平也在巴西和阿根廷等国家的番茄潜叶蛾种群中陆续发现。

在番茄潜叶蛾入侵地中海地区的同时，为控制番茄潜叶蛾为害，伴随而来的是化学农药的广泛施用。最初，在欧洲地区，由于缺乏专性防治番茄潜叶蛾的杀虫剂，农场主主要依赖拟除虫菊酯等广谱杀虫剂，这也导致了欧洲地区该害虫对拟除虫菊酯等广谱杀虫剂抗性的急剧上升，防治效果越来越差，急需开发新的化学杀虫剂。自2009年以来，欧洲地区针对番茄潜叶蛾的杀虫剂商标注册越来越多，为该害虫的防治提供了更多的选择。2009—2011年，在西班牙和突尼斯，专门引入防控番茄潜叶蛾的活性杀虫剂分子数量分别达到15个和18个，囊括了大约13种不同的作用模式。这些杀虫剂类别包括有机磷类农药（毒死蜱、甲胺磷）、拟除虫菊酯类（溴氰菊酯、高效氯氟氰菊酯、联苯菊酯、氯菊酯）、恶二嗪类（茚虫威）、多杀菌素类（多杀菌素、乙基多杀菌素）、阿维菌素类（阿维菌素、甲氨基阿维菌素苯甲酸盐）、吡咯类（溴虫腈）、苄基脲类（除虫脲、虱螨脲、氟酰脲）、二酰胺类（氯虫苯甲酰胺、氟虫双酰胺）、二芳甲酰基肼类（苯并虫肼、甲氧虫酰肼、虫酰肼）、缩氨基脲（氰氟虫腙）、印楝素和沙蚕毒素类似物等。此外，一些以苏云金芽孢杆菌和白僵菌为基础的生物杀虫剂的商业配方也被广泛用于防治番茄作物上的番茄潜叶蛾，因为它们通常与番茄潜叶蛾天敌更为相容。

杀虫剂靶标位点基因突变是番茄潜叶蛾抗性机制的主要特点。限于分子生物学技术的发展，番茄潜叶蛾抗性分子机制在2012年才首次被发现。研究人员发现，抗拟除虫菊酯的种群中电压门控钠离子通道基因出现了位点突变。从抗性种群中克隆新型钠通道ⅡS4-ⅡS6区域，发现了3种常见的与拟除虫菊酯抗性相关的基因突变位点（M918T、T929I和L1014）。南美洲和欧洲国家的番茄潜叶蛾的不同群体的基因分型揭示了在几乎所有种群中存在最大频率的L1014F突变，表明这一突变已经在大多数种群中存在并稳定遗传。另外，番茄潜叶蛾种群对多杀菌素抗性的首次报道是在智利，同时证明其主要抗性机制可能与CYP450和酯酶有关。两年后，Campos等（2014）在巴西的一个番茄潜叶蛾种群中发现了针对多杀菌素的常染色体隐性遗传抗性单基因，同时表现出对乙基多杀菌素具有高的交互抗性。该种群对其他杀虫剂没有表现出抗性，且缺乏解毒酶水平和协同作用，这暗示了靶标位点不敏感可能为多杀菌素抗性的潜在机制。最终，Silva等（2016）证明了番茄潜叶蛾对多杀菌素类的抗性与nAChR α6亚基中的单一突变G275E有关，这与前人在西花蓟马上的发现类似。Roditakis等（2017）对耐双酰胺的番茄潜叶蛾种群的RyR（Ryanodine）受体基因的各个结构域进行了测序，成功检测到两个突变，即G4903E和I4746M，这一结果与前人在小菜蛾抗性种群中的发现一致。Roditakis等人还在一些耐药的番茄潜叶蛾种群中检测到了两个新的突变（G4903V和I4746T），与胸膜的放射性配体结合实验发现了一些功能性证据，表明这些基因位点突变改变了番茄潜叶蛾的鱼尼龙受体与双酰胺的亲和力，进而增加了个体的抗药性水平。目前，氨基酸替代G4903E/V被认为是定义鳞翅目鱼尼龙受体对双酰胺敏感性的最重要因素。

3.2.3 “番茄潜叶蛾的传播及综合治理”研究热点发展趋势预测

随着全球经济一体化进程的快速发展，以及国际贸易、人员流动和跨境跨区旅游的日趋频繁和活跃，加之跨境跨区交通运输网络的全线贯通，加快了外来入侵生物传入的频率和传播扩散的速度。此外，番茄潜叶蛾生长发育对环境条件的需求与其寄主植物番茄的生长条件基本一致，而全球气候变暖又为该虫进一步传播扩散及其在非适生区建立种群提供了可能，这终将会促使番茄潜叶蛾传播至世界所有种植番茄的国家和区域。

番茄潜叶蛾为暴发性和成灾性极强的农业有害生物，因此综合治理依然是有效防控该害虫的主要策略，是今后需要深入研究和解决的首要科学问题。其中，经济有效的生物防治法的研发应用不仅是今后可持续治理番茄潜叶蛾的首选措施，也是该虫综合治理体系的主要构成要素。此外，开展寄主植物（包括栽培寄主和野生寄主）—害虫（包括其他田间害虫）—本地自然天敌三级营养关系的研究；培育新型抗性番茄品种，尤其是表达杀虫蛋白（如 Bt）转基因番茄品种的培育及商品化应用；开展 RNA 干扰技术在培育抗虫品种中的应用研究；植物诱导抗性，亦即通过茉莉酸途径诱导植物表达防御型化感物质（如蛋白酶抑制剂和毛状体）或改变挥发性化合物对该虫的引诱作用等的研究利用，都将有助于发展新的番茄潜叶蛾可持续综合治理策略。

3.2.4 “番茄潜叶蛾的传播及综合治理”研究热点 Top 产出国家与机构文献计量分析

从该重点热点核心论文的 Top 产出国家来看（表 3-1），法国贡献了 10 篇，占核心论文总量的 58.82%。其次是中国，核心论文量为 8 篇，占总量的 47.06%。巴西和意大利分别贡献了 7 篇和 6 篇，分别占总量的 41.18%和 35.29%。从核心论文产出机构来看，排名前十位的机构列表中包含了 15 家机构。其中，法国和中国分别有 4 家机构，巴西、意大利、德国、希腊、西班牙、巴基斯坦、美国等国家分别只有 1 家机构。法国国家农业食品与环境研究院、法国国家科学研究中心及蔚蓝海岸大学在该领域的基础与应用研究中均具有很强的表现力，而巴西的维索萨联邦大学和意大利的卡塔尼亚大学在该领域的抗药性机制和生物防治方面具有显著优势。由于番茄潜叶蛾为一种恶性入侵害虫，扩散速度快，因此需要国与国、地区与地区之间合作。上述统计结果表明该研究热点受关注的范围较广，国家合作现象非常突出，法国及其研究机构在该热点的基础研究中极具影响力和活跃度，具有显著的竞争优势。由于该害虫近年才进入我国，所以当前我国机构的基础研究能力还较为薄弱，未跻身该领域世界研究机构前列。

表 3-2 “番茄潜叶蛾的传播及综合治理”研究前沿核心论文的 Top 产出国家和机构

排名	国家	施引论文（篇）	比例（%）	排名	机构	施引论文（篇）	比例（%）
1	法国	10	58.82	1	法国国家农业食品与环境研究院（法国）	8	47.06
2	中国	8	47.06	2	法国国家科学研究中心（法国）	7	41.18
3	巴西	7	41.18	2	蔚蓝海岸大学（法国）	7	41.18
4	意大利	6	35.29	4	维索萨联邦大学（巴西）	5	29.41
5	土耳其	5	29.41	4	卡塔尼亚大学（意大利）	5	29.41
6	美国	4	23.53	6	台湾中兴大学（中国）	4	23.53
7	德国	3	17.65	7	拜耳公司（德国）	3	17.65
7	希腊	3	17.65	7	希腊国家农业研究基金会（希腊）	3	17.65
9	巴基斯坦	2	11.77	9	中国农业大学（中国）	2	11.77
9	西班牙	2	11.77	9	中国农业科学院（中国）	2	11.77
				9	中国科学院（中国）	2	11.77
				9	法国杜邦公司（法国）	2	11.77
				9	卡塔赫纳理工大学（西班牙）	2	11.77
				9	费萨尔巴德农业大学（巴基斯坦）	2	11.77
				9	佐治亚大学系统（美国）	2	11.77

从后续引用该热点核心论文的施引论文量来看（表 3-3），中国共有 264 篇，占该前沿施引论文总量的 33.08%，遥遥领先于其他国家。这可能跟我国为世界最大的番茄生产国，高度重视该害虫的预警、监测检测及防控等方面有关。排名第二的为巴西，有 171 篇，占比达 21.43%。另外，美国、法国、伊朗、意大利和土耳其均有 50 篇以上的施引论文，构成了该前沿的第二梯队国家。西班牙、巴基斯坦和英国则构成了第三梯队。

在施引论文排名前十的机构中，巴西维索萨联邦大学以 95 篇位列第一，占该前沿施引论文总量的 11.91%，法国国家农业食品与环境研究院、法国国家科学研究中心和蔚蓝海岸大学分别以 77 篇、71 篇和 63 篇位列第二、第三和第四位，占比分别达到了 9.65%、8.90%和 7.90%，，累计占比较高，这也凸显了法国在该热点研究中所占据的优势地位。我国虽然有四家机构进入了前十位，但累计占比达 16.29%左右，发展潜力巨大。

表 3-3　“番茄潜叶蛾的传播及综合治理”研究前沿施引论文的 Top 产出国家和机构

排　名	国　家	施引论文（篇）	比　例（%）	排　名	机　构	施引论文（篇）	比　例（%）
1	中国	264	33.08	1	维索萨联邦大学（巴西）	95	11.91
2	巴西	171	21.43	2	法国国家农业食品与环境研究院（法国）	77	9.65
3	美国	105	13.16	3	法国国家科学研究中心（法国）	71	8.90
4	法国	96	12.03	4	蔚蓝海岸大学（法国）	63	7.90
5	伊朗	69	8.65	5	卡塔尼亚大学（意大利）	45	5.64
6	意大利	64	8.02	6	中国农业科学院（中国）	43	5.39
7	土耳其	52	6.52	7	华中农业大学（中国）	28	3.51
8	西班牙	38	4.76	8	中国农业大学（中国）	27	3.38
9	巴基斯坦	36	4.51	9	美国农业部（美国）	26	3.26
10	英国	29	3.63	10	尼代奥马尔·哈利斯代米尔大学（土耳其）	24	3.01
					拉夫拉斯联邦大学（巴西）	24	3.01

畜牧兽医学科领域

4.1 畜牧兽医学科领域研究热点前沿概览

畜牧兽医学科领域 Top7 研究热点前沿主要集中于畜禽繁育、动物疫病防控、动物药理和人兽共患病原学 4 个研究群（表 4-1）。其中，畜禽繁育方向“畜禽生长和繁殖性状的分子机制”入选为重点研究热点，具体进展详见本部分后续内容；动物疫病防控方向入选了 3 个研究热点，具体包括“猪圆环病毒 3 型流行病学及遗传进化”“高致病性禽流感病毒流行病学、遗传进化与致病机理”和“猪流行性腹泻病毒新毒株流行病学、遗传进化及致病机理”研究热点，其中，“猪圆环病毒 3 型流行病学及遗传进化”已连续两年被入选为研究热点，“高致病性禽流感病毒流行病学、遗传进化与致病机理”和“猪流行性腹泻病毒新毒株流行病学、遗传进化及致病机理”则连续 3 年被入选为研究热点前沿；动物药理方面，“兽用抗生素应用及其抗药性的全球应对”继 2018 年入选为研究前沿后，连续两年入选为研究热点，同时，“可转移多黏菌素耐药基因的发现及传播机制”也入选为该方向的研究前沿。由于全球受新冠疫情的影响，人兽共患话题受到了高度关注，为此，“动物源性人兽共患病病原学及传播特征”2020 年入选为人兽共患病原学方向的研究热点，具体进展详见本部分后续内容。

从热点前沿施引论文发文量变化趋势看（图 4-1），上述热点前沿中，“可转移多黏菌素耐药基因的发现及传播机制”“高致病性禽流感病毒流行病学、遗传进化与致病机理”“动物源性人兽共患病病原学及传播特征”和“兽用抗生素应用及其抗药性的全球应对”近 5 年持续高关注度。尽管“猪圆环病毒 3 型流行病学及遗传进化”研究热点已连续两年被入选为研究热点，且近 5 年施引文献量也在逐年增长，但发文量和增幅不大，还有一定的发展空间。

表 4-1 畜牧兽医学科领域 Top7 研究热点及前沿

序 号	类 别	研究热点或前沿名称	核心论文（篇）	被引频次	核心论文平均出版年
1	重点热点	畜禽生长和繁殖性状的分子机制	5	124	2019. 0
2	热点	猪圆环病毒 3 型流行病学及遗传进化	20	1 239	2017. 7
3	前沿	可转移多黏菌素耐药基因的发现及传播机制	9	3 351	2017. 2
4	热点	高致病性禽流感病毒流行病学、遗传进化与致病机理	23	2 827	2016. 3
5	重点热点	动物源性人兽共患病病原学及传播特征	9	1 319	2015. 8
6	热点	兽用抗生素应用及其抗药性的全球应对	7	2 233	2015. 0
7	热点	猪流行性腹泻病毒新毒株流行病学、遗传进化及致病机理	6	899	2014. 3

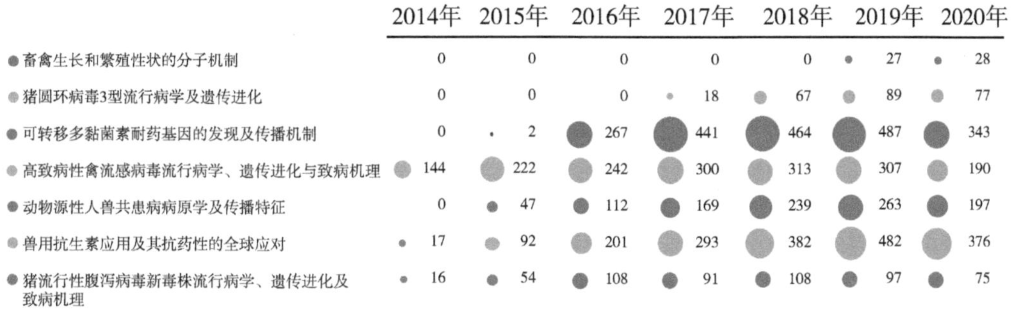

	2014年	2015年	2016年	2017年	2018年	2019年	2020年
畜禽生长和繁殖性状的分子机制	0	0	0	0	0	27	28
猪圆环病毒3型流行病学及遗传进化	0	0	0	18	67	89	77
可转移多黏菌素耐药基因的发现及传播机制	0	2	267	441	464	487	343
高致病性禽流感病毒流行病学、遗传进化与致病机理	144	222	242	300	313	307	190
动物源性人兽共患病病原学及传播特征	0	47	112	169	239	263	197
兽用抗生素应用及其抗药性的全球应对	17	92	201	293	382	482	376
猪流行性腹泻病毒新毒株流行病学、遗传进化及致病机理	16	54	108	91	108	97	75

图 4-1 畜牧兽医学科领域研究热点前沿施引论文量的增长态势

4.2 重点热点——“畜禽生长和繁殖性状的分子机制”

4.2.1 “畜禽生长和繁殖性状的分子机制”研究热点概述

随着生活水平的提高，人们对畜禽产品的需求日益增加。如何提高畜禽业的生产效率和经济效益，同时带给消费者更加营养和美味的畜禽产品，一直是畜禽分子育种者研究和关注的主题和目标。常规育种方法遗传进展缓慢，对于畜禽重要经济性状的提高和改善已经不能满足畜禽业快速发展的需求。分子标记辅助育种技术是基于生物遗传信息的解码发展起来的一项育种技术，可加快遗传进展，缩短世代间隔，助力畜禽业快速发展。应用该技术的前提是需要挖掘畜禽优异性状的关键基因和分子标记，解析畜禽生长和繁殖等重要经济性状的分子机制。因此，畜禽生长和繁殖性状的分子机制研究成为近些年来的一个研究热点。

开展畜禽生长和繁殖性状分子机制的解析，可以阐明影响畜禽生长和繁殖的关键基因甚至更为具体的变异位点，同时了解这些性状形成的分子调控网络，为后期人工利用基因编辑方法提高或改善经济性状提供可靠的基因或位点来源，为分子标记辅助育种提供有效的遗传标记，最终加快育种进程，加速畜禽产业的发展，为消费者提供更多更优质的畜禽产品。

畜禽生长和繁殖性状分子机制研究已经取得系列重要研究进展，挖掘出多个影响畜禽生长性状、胴体性状和繁殖性状的重要基因，发现多个与这些性状显著关联的单核苷酸多态（SNP）、插入和缺失（Indel）、CNV 等分子标记，也从表观遗传学角度揭示了非编码 RNA（lncRNA）、甲基化和 microRNA 等在畜禽生长和繁殖性状中发挥的重要作用。这些研究成果为后续畜禽分子育种的开展提供了重要的遗传信息。

当前畜禽生长和繁殖性状分子机制研究仍然存在一些亟待解决的重要问题，如关键基因或突变发挥生物学作用的具体分子机理、已知有效分子标记的开发应用、针对关键基因和变异位点的基因编辑操作等。另外，纯粹的候选基因关联分析方法存在一定局限性，应该结合全基因组水平的关联分析筛选畜禽重要性状关键基因才更加精准。因此，上述问题是畜禽生长和繁殖性状分子机制研究的重要方向和趋势。

4.2.2 “畜禽生长和繁殖性状的分子机制”发展态势及重大进展分析

近年来，畜禽生长和繁殖性状的分子机制研究逐渐成为畜禽育种研究的重点和热点，2019—2020 年本研究热点核心论文共检索到核心论文 5 篇，截止到 2020 年被引频次累积高达 77 次，施引论文 69 篇，主要研究了关键基因单核苷酸多态性（SNP）、插入和缺失（Indel）、DNA 甲基化、非编码 RNA 对畜禽生长以及繁殖性状的分子调控机制。按性状来分，这些文献：①研究了关键基因遗传变异、DNA 甲基化、非编码 RNA 对畜禽生长性状和胴体性状的分子调控机制，涉及核心论文 1 篇，施引论文 40 篇；②探讨了关键基因的 SNPs、Indels 以及 DNA 甲基化与畜禽繁殖性能（包括产羔数、睾丸发育、泌乳性状）的关系及可能调控机制，涉及核心论文 4 篇，施引论文 29 篇。

4.2.2.1 畜禽生长性状的分子机制研究

通过总结畜禽生长性状分子机制研究的核心文献和施引文献发现，多数核心文献和施引文献采用候选基因关联分析方法、组学技术筛选候选基因法、表观遗传调控分析来揭示畜禽生长性状的分子机制，筛选出了调控畜禽生长性状的候选基因、突变位点、非编码 RNA 及表观遗传修饰，为分子育种提供了潜在有效的遗传标记。

与核心文献方法类似，进行畜禽生长性状分子机制研究的大部分学者都是采用候选基因分析法在特定的候选基因中筛选与目标性状存在显著关联的多态位点。2019 年中国河南农业大学肉鸡研究团队对细胞周期蛋白依赖性激酶抑制剂 3（*CDKN3*）基因启动子区的多个插入缺失突变与鸡的生长和胴体性状进行了关联分析，筛选出了可用于分子辅助育种的潜在有效的分子标记。多篇施引文献在候选基因关联分析的基础上，检测关联位点不同基因型在目标组织中的表达差异，综合揭示关键基因对畜禽生长性状的调控作用。例如，2020 年中国华南农业大学肉鸡研究团队发现甲状旁腺激素 1 受体（*PTH1R*）基因一个 51 bp 的 Indel 突变对鸡的生长和胴体性状有显著影响，同时发现该突变位点不同基因型个体在肝脏、胸肌和腹部脂肪中的表达存在显著差异，显示这个突变对鸡的生长发育有重要调节作用。

如果某基因中的一个多态位点同时可以影响畜禽的多个经济性状，这类位点将成为分子育种中最值得关注的遗传标记。因此，将 1 个多态标记对多个性状的关联分析与性状间的相关性综合起来研究是这个领域的一个热点方向。例如，2019 年中国西北农林科技大学反刍动物研究团队分析了 *POU1F1* 基因的 1 个错义突变、*Runx2* 基因的 12 bp 的插入位点与陕北绒山羊的产羔数和多个生长性状之间的关联，发现具备优势基因型的个体生长特性和产羔数均较突出，且性状之间存在显著的正相关，显示这些分子标记在育种应用中具有重要的经济意义，同样他们对 *SPAG17* 基因的 2 个内含子插入缺失与陕北绒山羊和海南黑山羊的多个生长性状之间的关联做了分析，也发现性状之间呈正相关。综上所述，利用基因多态位点和多个性状的关联分析，可以筛选出畜禽早期分子育种中可以应用的最有效的 DNA 标记，这样在早期就可以根据遗传信息选留优秀个体组建核心群，加快遗传进展，提高肉羊产业的经济效益。

畜禽重要经济性状的表观遗传机制解析也是目前该研究领域的一个热点。从施引文献来看，表观遗传的研究主要包括非编码 RNA（lncRNA）、甲基化和 microRNA 等方面。例如，2020 年中国河南农业大学肉鸡研究团队发现鸡 1 号染色体末端一个新的 lncRNA 的内含子突变与体重、小腿围、胸宽、身体倾斜长度和骨盆宽度呈显著关联，同时发现其表达水平在具有体重差异的鸡品种胰腺组织中差异极显著，预测了它可能作用的靶基因，从而揭示了 lncRNA 在调控肉鸡生长性状中发挥的作用。2019 年他们团队也发现 *SLCO1B3* 基因甲基化水平的提高会阻碍转录因子与启动子的结合，从而降低 *SLCO1B3* 的表达并导致蛋壳颜色变浅。2019 年中国西北农林科技大学反刍动物研究团队发现牛中一种 lncRNA（*lncFAM200B*）在胚胎、新生儿和成年牛肌肉组织中差异表达，并且在成肌细胞增殖和分化阶段表达趋势与 *MyoG* 和 *Myf5* 呈正相关；在该 lncRNA 启动子活性区发现了一个新的

C-T 变异体，其基因型与晋南牛的臀部高度显著相关，综合分析表明 *lncFAM200B* 是肌肉发育的正调节剂，其 SNP 可用作肉牛标记辅助选择育种的遗传标记。2020 年中国四川农业大学动物种质资源研究团队发现鸡中一种 microRNA（gga-miR-3525）可通过 p38/MAPK 信号通路靶向 *PDLIM3* 基因来调节骨骼肌卫星细胞的增殖和分化。2020 年中国河南农业大学肉鸡研究团队发现 miR-1704 前体中的 SNP 可以显著影响成熟的 miR-1704 的生成，并且与不同周龄体重和小腿周长显著相关。上述两项研究揭示了 microRNA 在肉鸡肌肉生长和发育中的调控作用。

近来对照组学分析也常被用于揭示畜禽的重要经济性状分子机制。例如，2020 年中国河南农业大学肉鸡研究团队采用转录组测序的方法对应激模型组和对照组脾脏中的差异表达基因进行了深入分析，发现差异基因可能参与 T 细胞介导的免疫过程，在调节 *CORT* 诱导的应激中发挥重要作用，为应激影响免疫功能的分子机制提供了独特见解。

4.2.2.2 畜禽繁殖性状的分子机制研究

畜禽繁殖性状分子机制研究可为从遗传上提高畜禽生产力、增加畜禽产品市场供应力提供理论基础和科技支撑。从核心论文和施引论文研究内容来看，畜禽繁殖性状研究主要从绵羊和山羊产羔数、猪睾丸发育以及牛羊泌乳性状 3 个方向开展分子机制研究，其中绵羊和山羊产羔数的分子机制研究最为广泛。

针对繁殖性状的以上 3 个研究方向，研究者的策略主要分为以下几个步骤：①建立有性状明显分离的畜禽资源群体，借助重测序或芯片技术，通过全基因组关联分析（GWAS）方法筛选候选基因和候选变异；②将候选基因的候选变异与有差异繁殖性状表型记录的大群体进行关联分析，确定与该繁殖性状是否存在显著相关性；③预测候选基因的候选变异的某种多态类型可能作为后期提高畜禽繁殖性状的关键标记。在这种策略下，SNP、Indel 和 DNA 甲基化等遗传变异是研究畜禽繁殖性状分子机制的主要标记类型和关键突破口，也是本领域的研究热点。

（1）SNP、Indel 与绵羊和山羊产羔数的关系研究

有利的遗传变异能够对性状的改善起到至关重要的作用。通过分析核心论文和施引论文的研究内容，绵羊和山羊产羔数分子机制研究机构和人员主要集中在中国。这主要由于提高母羊繁殖性能、增加肉羊出栏量、加快周转是现阶段中国肉羊产业发展的重点，而增加产羔数是提高母羊繁殖性能的关键。通过对核心论文进行分析，以西北农林科技大学动物科技学院蓝贤勇教授团队为主，在对陕北白山羊产羔数的研究中，通过关联分析发现 *GDF9* 基因的 2 个 SNPs（Q320P 和 V397I）、*MARCH1* 基因的 3 个 Indels 与其母羊产羔数显著相关。另外，该团队还发现 *CMTM2* 基因启动子区 14bp 的功能区域缺失能够显著降低母羊的第一胎产羔数。这些 SNPs 和 Indel 可作为高繁山羊选育的候选分子标记。

从施引论文来看，研究者仍然以聚焦产羔数关联候选基因 DNA 多态性研究为主，西北农林科技大学动物科技学院蓝贤勇教授、潘传英教授以及榆林学院的屈雷教授团队在前期全基因组关联分析的基础上，2019—2020 年，先后鉴定到陕北白山羊中 *DSCAML*1 基因的 3 个 Indels、*SPEF*2 基因的 2 个 Indels、*POU*1*F*1 基因 2 个 SNPs、*POU*1*F*1 基因的 1 个错义突变 SNP（NC_ 030808. 1：g. 34236169A > C）、*DNMT*3*B* 基因第 22 内含子中 1 个 11bp 的插入变异、*ATBF*1 基因的 1 个 12bp 的 Indel、*LLGL*1 基因的 1 个 21bp 的 Indel、*Runx*2 基因的 1 个 12bp 的 Indel、*Boule* 基因的 1 个 SNP（661484476：g. 7254T>C）、*CFAP*43 基因的 1 个 6bp 的 Indel、*GDF*9 基因的 2 个 SNPs（P27R 和 A85G）等多个遗传变异与产羔数显著相关。此外，该团队还发现澳洲白绵羊中 *RORA* 基因内含子 23bp 插入变异也与产羔数显著相关。2019 年，中国农业科学院北京畜牧兽医研究所以及西南大学两个团队通过全基因组 ROH、选择性扫荡以及选择信号分析，鉴定到了包括 *MARF*1、*SYCP*2、*TMEM*200*C*、*SF*1、*ADCY*1、*BMP*5、*CBLB* 等多个基因的 SNP 和 CNV 与山羊产羔数相关。综上所述，通过关联分析可以找到大量能够用于提高绵羊和山羊产羔数的遗传变异，可为提高绵羊和山羊产羔数提供理论基础。

（2）SNP 和 Indel 在调控家猪睾丸发育以及肉牛产奶性状中也发挥着重要作用

家猪是重要的经济动物，其繁殖性能的高低直接影响生猪产业的经济效益。筛选重要的候选基因以及致因突变有助于揭示猪繁殖性状的分子调控机制和培育高繁殖力品种。根据该热点的核心论文和施引论文内容，2019 年，西北农林科技大学动物科技学院潘传英教授团队通过对长白猪和约克夏杂交后代进行研究发现，*SOX*9 基因功能区 18bp 的缺失能显著增加家猪睾丸重量，同时还发现 *Hsd*17*b*3 基因的 2 个 Indels、*KDM*6*A* 基因的 1 个 11bp 的 Indel 与公猪繁殖性状显著相关，其中 *KDM*6*A* 的 Indel 变异主要影响睾丸的重量、纵面周长以及横面周长。肉牛产奶性状分子机制研究在施引文献中也有所涉及，主要由西北农林科技大学动物科技学院蓝贤勇教授和山东省农业科学院宋恩亮研究员主导，基于前期 GWAS 的结果，他们研究发现了 *DYRK*2 基因的 1 个 Indel 和 *FHIT* 基因的 1 个 Indel 均与新疆褐牛的 6 个产奶性状显著相关。

4. 2. 2. 3 “畜禽生长和繁殖性状的分子机制”发展趋势预测

依据本重点热点核心论文和施引论文的研究结果，未来畜禽生长和繁殖性状分子机制研究，应从以下两个方面重点开展。

（1）畜禽生长和繁殖性状相关候选基因和关键变异的精细功能研究

基于核心论文和施引论文的研究基础，下一步应加大候选基因及候选分子标记的功能研究，联合核酸、mRNA、蛋白质、代谢、表型等途径多方面阐明候选基因和关键变异调控动物生长和繁殖性状的信号通路和作用机制。同时，研制关键候选基因敲除或编辑模式动物，为该精细机制研究提供载体支撑。

（2）畜禽生长和繁殖性状显著关联候选基因和基因变异的产业化应用

畜禽生长和繁殖性能的好坏对畜牧业经济起决定性作用。目前，畜禽生长和繁殖性状可利用变异仍然较少，随着人们对畜禽产品需求的增加，将可利用变异标记（包括SNP、Indel、DNA 甲基化、非编码 RNA 等）用于培育生长速度快、肉质好、繁殖性能高的畜禽新品种（系）以加大市场供应、满足消费者肉蛋奶需求是未来发展的一个必然趋势。因此，下一步需加强可用遗传标记高效检测试剂盒的研发和产业化应用，促进行业转型升级，增强社会和国际竞争力。

4.2.2.4 "畜禽生长和繁殖性状的分子机制"研究热点 Top 产出国家与机构文献计量分析

从该热点核心论文的 Top 产出国家来看（表 4-2），中国共有 5 篇，占据核心论文总量的 100%，没有其他国家的核心论文。可见，我国在该领域的科研贡献在世界范围内占据绝对的优势。从核心论文产出机构来看，机构主要包含 4 个。其中，西北农林科技大学和榆林学院分别产出 4 篇（占比 80%）和 3 篇（占比 60%）核心论文，分列第一位和第二位；其次是河南省农业科学院和河南农业大学两个机构，分别产出 1 篇（占比 20%）。上述统计结果表明该重点热点在中国广受关注，西北农林科技大学和榆林学院在该热点研究中极具影响力和活跃度，具有显著的竞争优势。

表 4-2 "畜禽生长和繁殖性状的分子机制"研究热点核心论文的 Top 产出国家和机构

排　名	国　家	施引论文（篇）	比　例（%）	排　名	机　构	施引论文（篇）	比　例（%）
1	中国	5	100.00	1	西北农林科技大学（中国）	4	80.00
				2	榆林学院（中国）	3	60.00
				3	河南省农业科学院（中国）	1	20.00
				3	河南农业大学（中国）	1	20.00

表 4-3 展示的是后续引用该重点热点核心论文的施引论文量，共 69 篇。其中，中国共有 68 篇，占该热点施引论文总量的 98.55%，遥遥领先于其他国家。伊朗和孟加拉国联合发表 1 篇，占该热点施引论文总量的 1.45%。在施引论文量排名前十位的机构中，西北农林科技大学以 47 篇的总量位居第一，占该热点施引论文总量的 68.12%。榆林学院、河南农业大学、山东省农业科学院、华南农业大学、中国农业科学院、吉林省农业科学院、西北民族大学、山东师范大学、山西大同大学分别以 36.23%、17.39%、7.25%、5.80%、4.35%、4.35%、4.35%、4.35%、2.90%分别位居第二至第十位。以上

统计结果表明，中国及其研究机构在该热点领域的研究中具有巨大的优势和良好的发展前景。

表 4-3 “畜禽生长和繁殖性状的分子机制”研究热点施引论文的 Top 产出国家和机构

排　名	国　家	施引论文（篇）	比　例（%）	排　名	机　构	施引论文（篇）	比　例（%）
1	中国	68	98.55	1	西北农林科技大学（中国）	47	68.12
2	孟加拉国	1	1.45	2	榆林学院（中国）	25	36.23
3	伊朗	1	1.45	3	河南农业大学（中国）	12	17.39
				4	山东省农业科学院（中国）	5	7.25
				5	华南农业大学（中国）	4	5.80
				6	中国农业科学院（中国）	3	4.35
				6	吉林省农业科学院（中国）	3	4.35
				6	西北民族大学（中国）	3	4.35
				6	山东师范大学（中国）	3	4.35
				7	山西大同大学（中国）	2	2.90

4.3 重点热点——“动物源性人兽共患病病原学及传播特征”

4.3.1 “动物源性人兽共患病病原学及传播特征”研究热点概述

近年来，随着世界经济的快速发展以及全球化的不断深入，人类的活动范围逐渐扩展到野生动物的栖息地，世界范围内猪、羊、家禽等畜禽的饲养量也不断增加。与此同时，随着人民生活水平的提高和城市化的进一步发展，越来越多的宠物成为家庭中的一员。随着人和动物（野生动物、家养动物、宠物等）的接触日益频繁，动物生态系统的变化给疾病的跨物种传播创造了机会，动物源性人兽共患病不断涌现，如常见的埃博拉病毒、禽流感病毒、中东呼吸综合征病毒、新型冠状病毒、西尼罗河热病毒、布鲁氏杆菌、结核杆菌、沙门氏菌、螺杆菌、弓形虫等。值得注意的是，人类新发传染病大部分是人畜共患病，据统计，每年超过 10 亿例的人类病例都是由人兽共患病引起的。动物源性人兽共患病不仅给动物健康造成了危害，同时给公共卫生安全也造成了重大威胁。因此，动物源性人兽共患病研究成为近些年的研究热点。

通过对动物源性人兽共患病病原、病原传播的特点、疾病致病机理等进行研究，不仅可以增加对病原的深层次认知，构建高效、敏感的诊断检测技术体系，同时对促进动物健康、食品安全、生物安全、公共卫生安全等均有非常重要的意义，对构建符合各国经济健康发展和人民健康生活的综合防控技术体系尤其重要。

跨物种传播或跨物种溢出（Spillover）是人兽共患病病原的重要特征。人兽共患病病原要实现跨物种传播需要一系列的因素共同协作。例如，病原暴露的生态学、流行病学、行为学决定因素，另外就是影响感染敏感性的人为因素。随着生物信息学、宏基因组学、转录组学、机器学习等现代生物技术和计算机技术的发展以及交叉学科的联合应用，人们对动物源性人兽共患病病原的认识不断加深。在一些新发的严重危害人民健康的人兽共患病爆发后，病原被快速分离鉴定，一些疾病的诊断试剂盒和疫苗也相继问世。但是，一些动物源性人兽共患病病原的来源、病毒的跨物种传播途径、病毒的致病机理、动物源性人兽共患病的预防和控制仍然不是很清楚。目前，没有任何一种人兽共患病病原跨物种传播所需的全部因素被全部鉴定、比较并定量分析。例如，这次新冠疫情的源头和病毒的传播链仍未最终确定。另外，缺乏对重要动物源性人兽共患病的定期监测和科学预测。这些都是未来有效预防和控制动物源性人兽共患病急需解决的问题。最后，世界卫生组织（WHO）在2002年提出有效应对新发人兽共患病的新挑战，人和动物的健康问题必须融合在一个公共卫生体系中。因此，未来建立人医与兽医一体化的高效卫生防疫体系是必然趋势。

4.3.2 “动物源性人兽共患病病原学及传播特征”发展态势及重大进展分析

本热点的核心论文9篇，施引论文1 050篇。主要研究了当前和未来动物源性人兽共患病的重要储存器（蝙蝠、鼠类和其他动物），同时探讨了人兽共患病从动物外溢到人类的途径和关键点，以及提出几个科学的模型用来准确预测和鉴定动物体内具有较大人兽共患潜能的传染病。主要集中在以下3个方面：①野生动物源性人兽共患病病原学及传播特征；②宠物源性人兽共患病病原学及传播特征；③家养动物源性和媒介动物源性人兽共患病病原学及传播特征。

4.3.2.1 野生动物源性人兽共患病病原学及传播特征

新冠肺炎疫情的爆发让野生动物源疫病研究再次成为全球瞩目的焦点，在近期的溯源研究中，蝙蝠、穿山甲等野生动物被频频提及，虽然新型冠状病毒肺炎（COVID-19）的具体起源尚未确论，但肯定与野生动物之间存在着千丝万缕的联系。野生动物源性人兽共患病病原包括常见的病毒、细菌和寄生虫等，由于无法对自然界中的野生动物进行全面管理和检测防疫，所以野生动物还会有很多潜在的病原体感染。病原微生物由疫源动物溢出（Spillover）到人类社会，在人类社会经过短暂的演化，可发展为地方流行性疾病，甚至是全球大流行性疾病。目前已知的大多数新兴的人类传染病，如 SARS、埃博拉、H1N1 和鼠疫等，都起源于野生动物。这些病原微生物常由人类活动、生态环境变化等因素导致的人与野生动物之间的界限越来越模糊而爆发，或通过基因突变获得新的能改变病原致病潜能的基因组合，获得了变换宿主的能力而爆发。这种现象在基因组复制易出错的 RNA 病毒中尤为明显。野生动物源性人兽共患病病原通常具有一定的特征，一是具有一定地区性，如非洲的埃博拉病毒分布常与媒介昆虫的分布一致；二是有明显的季节性，如流感病毒在冬季具有更频繁的传染性；三是某些传染病可能具有职业特点，如与野生动物从业者或动物性食品行业从业者相关的人，如 2020 年我国青岛发生的新冠病毒小规模爆发事件均与海鲜从业者相关。

目前的研究常从病原微生物的溢出机制、宿主免疫耐受机制和宿主—病原协同进化机制等方面进行，近年来宿主—病原协同进化机制日益增多。美国加州大学洛杉矶分校充分讨论了人兽共患病病原从动物跨物种传播到人的路径以及关键的节点，为未来通过跨学科协作鉴定和研究人兽共患病病原跨物种传播的机制奠定了基础。另外，美国佐治亚大学应用机器学习建立了一种科学的模型，该模型可以较准确地从物种中鉴定出未被发现的具有人兽共患潜能的病原菌。该模型的建立为未来挖掘人兽共患病病原提供了有力的工具和手段。在对野生疫源动物开展系统性研究时，常需整合多学科的研究方法和技术手段，比如可通过宏基因组测序等新技术，找出疫源野生动物可能携带的病原体，达到全面掌握疫源野生动物的生物学基础和其携带的病原微生物的基础信息的目的。2016 年，中国农业大学结合体外和体内研究表明，通过重组和突变产生的 M 基因增加和启动了 H9N2 病毒早期复制的能力，显著促进了病毒在鸡中的适应性和致病性。2020 年，德国马克斯普朗克研究所对 6 种蝙蝠的基因变化进行了基因组筛选，发现具有免疫刺激功能的免疫相关基因的丢失以及抗病毒 *APOBEC*3 基因的扩增，突出了蝙蝠异常免疫的分子机制，这些基因的变化可能是蝙蝠对病原体的独特耐受性的原因之一。2020 年，中国科学院动物所通过比较基因组学方法对大熊猫贝蛔虫、小熊猫贝蛔虫、狮弓蛔虫进行基因组分析，研究了非模式哺乳动物与其寄生蛔虫协同演化的遗传机制，揭示了非模式哺乳动物与其寄生蛔虫协同演化的遗传学基础，为宿主和寄生虫协同演化的分子机制提供了新的认识。

明确人与野生动物之间的界限，快速鉴定病原和加强控制措施是防止疾病传播的关键。然而，对于新型病原体的鉴定方法研究，仍有很长的路要走。另外，在进行加强控制措施时，可通过筛选特异性受体、感染信号转导通路等途径开发新型药物等作为预防和控制途径，但是这些药物用于疾病大面积暴发时可能过于昂贵。

4.3.2.2 宠物源性人兽共患病病原学及传播特征

近些年犬和猫养殖数量在全世界不断增加，宠物健康和人类健康密切相关。犬和猫由于和人日常频繁接触，一些宠物源性人兽共患病较容易在宠物和人之间传播。对人类健康和公共卫生有较大影响的宠物源性人兽共患病病原主要包括狂犬病病毒、弓形虫、流行性乙型脑炎病毒、布鲁氏菌、沙门氏菌、致病性大肠杆菌、螺杆菌等。

狂犬病是典型的宠物源人畜共患病，全世界每年因狂犬病死亡的人数高达 5.9 万人，大部分病例在亚洲和非洲。加强动物疫苗免疫是防控狂犬病的关键。目前新冠疫情仍在全世界肆虐，自疫情爆发以来国内外先后报道犬和猫中 SARS-CoV-2 核酸或者抗体阳性。2020 年 3 月 31 日，中国农业科学院哈尔滨兽医研究所研究表明，SARS-CoV-2 在雪貂和猫身上能进行有效复制，SARS-CoV-2 可通过呼吸道飞沫在猫之间进行传播。虽然目前还没有证据表明猫可以将病毒传染给人类，但是未来加强对猫的监测和管理，对有效控制疫情和防止冠状病毒疫情再次爆发都具有非常重要的意义。另外，美国佛罗里达大学统计发现部分人群中存在耐药空肠弯曲杆菌的暴发，部分病例明显和犬的接触直接相关，说明宠物作为人兽共患病的来源之一需要引起足够重视。

从国家层面急需加大对宠物源性人兽共患病的防控力度，加强主动监测和跨种传播风险研究，通过定期监测分析掌握重要宠物源性人兽共患病的流行情况，研发有效的诊断方法、治疗制剂、微生态制剂和疫苗，在宠物和人之间建立坚固的健康堡垒，实现绿色健康的宠物养殖，最终达到宠物与人和谐共处。

4.3.2.3 家养动物源性和媒介动物源性人兽共患病病原学及传播特征

随着全世界养殖业的快速发展，家养动物源性人兽共患病也越来越多，尤其在大规模的养殖场。目前，家养动物源性人兽共患病主要集中在牛和羊上，例如布鲁氏菌、结核菌、炭疽杆菌、沙门氏菌等。这些疾病严重危害动物健康、人类健康和公共卫生安全。猪和鸡中传播的主要人兽共患病病原包括沙门氏菌、禽流感、弯曲杆菌等。此外，2020 年 7 月华中农业大学报道 4 例猪伪狂犬病毒感染人的病例，这是首次证实猪伪狂犬病毒跨物种感染人的报道。未来需要加强对这些家养动物源性人兽共患病的检测和监测，从生产到餐桌整个链条建立规章制度阻断疾病传播，同时针对不同疾病的特点制定根除计划。

除了野生动物、宠物、家养动物外，媒介昆虫（如蚊子、软蜱）也是一些重要人畜共患病的重要传播载体，如裂谷热、西尼罗河热、施马伦贝格病、蓝舌病等虫媒病主要通过蚊虫等媒介昆虫叮咬传播。随着全球气温变暖、各地区贸易日益频繁，媒介昆虫的分布范围也发生了改变，增加了媒介动物源人兽共患病暴发的风险。目前，主要媒介动物源人兽共患病跨物种传播链条等尚不清楚。未来需要建立各种媒介动物源人兽共患病的感染模型，明确分析其在疾病传播扩散中的作用。同时，加强日常监测，为防止虫媒病跨宿主、跨地区、跨国家传播，做好预防工作。

4.3.3 “动物源性人兽共患病病原学及传播特征”发展趋势预测

动物源性人兽共患病给人民健康和公共卫生带来巨大的威胁和挑战，尤其是野生动物源头的新冠疫情，极大地损害了全世界人民的健康、改变了人民的生活方式、重创了世界经济。未来如何防控和预测类似于新冠疫情的动物源性人兽共患病将是该领域研究的核心和焦点。根据核心文献解读综合当前动物源性人兽共患病的理解，建议从以下几方面展开。

一是通过分析现有数据，鉴定出有价值的研究空白，理清人畜共患病溢出链条上面的关键点，进而对这些空白和关键点进行重点干预。

二是综合运用各种技术（生物信息学、机器学习、多组学、流行病学等）建立科学的模型，进而准确预测和鉴定动物体内存在的具有较大人兽共患潜能的传染病。

三是定期监测掌握野生动物来源的人兽共患病，尤其是蝙蝠（正常状态和冬眠状态等），同时也要关注宠物、家养动物和媒介昆虫等在人兽共患病外溢中扮演的角色。

4.3.4 “动物源性人兽共患病病原学及传播特征”研究热点 Top 产出国家与机构文献计量分析

从本研究热点核心论文的 Top 产出国家来看（表 4-4），美国参与贡献了全部 9 篇核心论文（100.00%），占比远高于其他国家。其次是英国，核心论文量为 3 篇，占总量的 33.33%。澳大利亚和新加坡分别贡献了 2 篇和 1 篇核心论文，分别占总量的 22.22%和 11.11%。我国在该领域没有贡献核心论文，可见，我国在该领域的基础研究成果贡献仍未挤进世界前列。从核心论文产出机构数据来看，排名前十位的机构列表中共包含了 28 家机构。其中，美国的佐治亚大学系统产出 3 篇（占比 33.33%），排名第一。美国有 16 个机构列入前十位。澳大利亚分别有 9 个机构列入前十位。英国和新加坡分别有 2 个机构和 1 个机构列入前十位。中国没有机构列入核心论文发表排名前十位。以上统计结果表明该热点受关注的机构范围较广，形成了以美国主导的国际研究态势，美国、澳大利亚、英国、新加坡等国的研究机构在该热点的基础研究中极具影响力。我国在该研究领域仍须继续强化基础研究的成果产出及影响力。

表 4-4 “动物源性人兽共患病病原学及传播特征”研究热点核心论文的 Top 产出国家和机构

排名	国家	核心论文（篇）	比例（%）	排名	机构	核心论文（篇）	比例（%）
1	美国	9	100.00	1	佐治亚大学系统（美国）	3	33.33
2	英国	3	33.33	2	美国生态健康联盟（美国）	2	22.22
3	澳大利亚	2	22.22	2	格里菲斯大学（澳大利亚）	2	22.22
4	新加坡	1	11.11	2	蒙大拿州立大学系统（美国）	2	22.22
				2	宾夕法尼亚联邦高等教育系统（美国）	2	22.22
				2	宾夕法尼亚州立大学（美国）	2	22.22
				2	普林斯顿大学（美国）	2	22.22
				2	格拉斯哥大学（英国）	2	22.22
				9	澳大利亚国立大学（澳大利亚）	1	11.11
				9	卡里生态系统研究学院（美国）	1	11.11
				9	澳大利亚联邦科学与工业研究组织（澳大利亚）	1	11.11
				9	康奈尔大学（美国）	1	11.11
				9	美国大型景观保护中心（美国）	1	11.11
				9	埃默里大学（美国）	1	11.11
				9	布里斯班兽医诊所（澳大利亚）	1	11.11
				9	詹姆斯库克大学（澳大利亚）	1	11.11
				9	美国国立卫生研究院（美国）	1	11.11
				9	新加坡国立大学（新加坡）	1	11.11
				9	新南威尔士州第一产业部（澳大利亚）	1	11.11
				9	昆士兰州农业渔业部（澳大利亚）	1	11.11

（续表）

排　名	国　家	核心论文（篇）	比　例（%）	排　名	机　构	核心论文（篇）	比　例（%）
				9	佛罗里达州立大学系统（美国）	1	11.11
				9	加利福尼亚大学系统（美国）	1	11.11
				9	科罗拉多大学系统（美国）	1	11.11
				9	利物浦大学（英国）	1	11.11
				9	新南威尔士大学（澳大利亚）	1	11.11
				9	昆士兰大学（澳大利亚）	1	11.11
				9	南佛罗里达大学（美国）	1	11.11
				9	耶鲁大学（美国）	1	11.11

从引用该研究热点核心论文的施引论文量来看（表4-5），美国共有546篇，占该热点施引论文总量的52.00%，遥遥领先于其他所有国家。英国以202篇（19.24%）的参与产出量占据第二位，澳大利亚以135篇（12.86%）占据第三位。德国、法国、加拿大、巴西、中国、瑞士、西班牙分别以111篇（10.57%）、88（8.38%）、77（7.33%）、70（6.67%）、64（6.10%）、42（4.00%）、39（3.71%）的施引论文产出量位列第四位至第十位。在施引论文量排名前十位的机构中，美国的加利福尼亚大学系统以88篇的施引文献产出量位居第一，占该热点施引论文总量的8.38%。美国的佐治亚大学系统、佛罗里达州立大学系统和蒙大拿州立大学系统分别以85篇（8.1%）、46篇（4.38%）和45篇（4.29%）占据第二位至第四位。法国的法国国家科学研究中心以42篇（4.00%）占据第五位。英国的格拉斯哥大学以40篇（3.81%）占据第六位。以上数据分析显示美国和英国在该热点领域的研究中具有较强的发展潜力，我国大学和机构在该领域还需要加强跟踪发展研究，提升研究活跃度及影响力。

表4-5 “动物源性人兽共患病病原学及传播特征”研究热点施引论文的Top产出国家和机构

排　名	国　家	施引论文（篇）	比　例（%）	排　名	机　构	施引论文（篇）	比　例（%）
1	美国	546	52.00	1	加利福尼亚大学系统（美国）	88	8.38
2	英国	202	19.24	2	佐治亚大学系统（美国）	85	8.10

（续表）

排　名	国　家	施引论文（篇）	比　例（%）	排　名	机　构	施引论文（篇）	比　例（%）
3	澳大利亚	135	12.86	3	佛罗里达州立大学系统（美国）	46	4.38
4	德国	111	10.57	4	蒙大拿州立大学系统（美国）	45	4.29
5	法国	88	8.38	5	法国国家科学研究中心（法国）	42	4.00
6	加拿大	77	7.33	6	格拉斯哥大学（英国）	40	3.81
7	巴西	70	6.67	7	法国研究与发展研究所（法国）	38	3.62
8	中国	64	6.10	7	蒙彼利埃大学（法国）	38	3.62
9	瑞士	42	4.00	9	伦敦大学（英国）	36	3.43
10	西班牙	39	3.71	10	美国生态健康联盟（美国）	34	3.24

5 农业资源与环境学科领域

5.1 农业资源与环境学科领域研究热点前沿概览

农业资源与环境学科领域的研究热点前沿内容涉及范围较广，Top8 研究热点前沿涉及农业废弃物资源化利用、农田系统抗性、土壤退化与改良、农田碳氮循环与温室气体排放和沼气发酵微生物群落等多个子领域（表 5-1）。其中，“堆肥腐殖化过程与调控”研究热点属于农业废弃物资源化利用研究方向；“农田系统抗生素与抗性基因研究”研究热点属于农田系统抗性研究方向；“生物炭对受污染农田土壤的修复及其效应”研究热点和“土壤光谱学及其在土壤性质预测中的应用”研究前沿属于土壤退化与改良研究方向；“根际沉积过程及其对土壤碳氮循环的影响”“土壤植物间反馈机制研究”和“生物炭对农田土壤生物学过程及温室气体排放的影响”3 个研究热点属于农田碳氮循环与温室气体排放的研究范畴，其中，生物碳对环境的影响效应以及农田碳循环方面的研究已分别连续 3 年和 2 年入选该方向研究热点。此外，“沼气发酵微生物群落结构及功能”入选为研究热点。这些热点中，“农田系统抗生素与抗性基因研究”被选为重点研究热点，具体进展详见本部分后续内容。

从热点前沿施引论文发文量变化趋势看（图 5-1），以上各热点前沿关注度基本上呈现逐年上升的趋势，其中“农田系统抗生素与抗性基因研究”研究热点受到的关注度最高，且逐年涨幅较明显，而“堆肥腐殖化过程与调控”“根际沉积过程及其对土壤碳氮循环的影响”“土壤植物间反馈机制研究”“沼气发酵微生物群落结构及功能”研究热点和“土壤光谱学及其在土壤性质预测中的应用”研究前沿从受关注的时间上来看内容更具前瞻性。

表 5-1　农业资源与环境学科领域 Top8 研究热点及前沿

序　号	类　别	研究热点或前沿名称	核心论文（篇）	被引频次	核心论文平均出版年
1	热点	堆肥腐殖化过程与调控	5	160	2019.0
2	热点	根际沉积过程及其对土壤碳氮循环的影响	6	309	2018.0
3	热点	生物炭对受污染农田土壤的修复及其效应	15	1 353	2017.4
4	热点	土壤植物间反馈机制研究	6	562	2017.0
5	前沿	土壤光谱学及其在土壤性质预测中的应用	7	852	2015.9
6	热点	沼气发酵微生物群落结构及功能	6	751	2015.5
7	重点热点	农田系统抗生素与抗性基因研究	13	2 857	2015.5
8	热点	生物炭对农田土壤生物学过程及温室气体排放的影响	6	1 048	2014.8

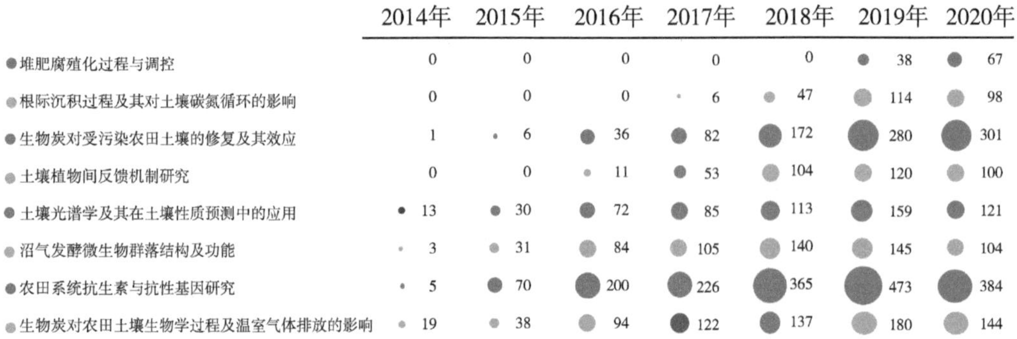

	2014年	2015年	2016年	2017年	2018年	2019年	2020年
堆肥腐殖化过程与调控	0	0	0	0	0	38	67
根际沉积过程及其对土壤碳氮循环的影响	0	0	0	6	47	114	98
生物炭对受污染农田土壤的修复及其效应	1	6	36	82	172	280	301
土壤植物间反馈机制研究	0	0	11	53	104	120	100
土壤光谱学及其在土壤性质预测中的应用	13	30	72	85	113	159	121
沼气发酵微生物群落结构及功能	3	31	84	105	140	145	104
农田系统抗生素与抗性基因研究	5	70	200	226	365	473	384
生物炭对农田土壤生物学过程及温室气体排放的影响	19	38	94	122	137	180	144

图 5-1　农业资源与环境学科领域研究热点前沿施引论文量的增长态势

5.2　重点热点——“农田系统抗生素与抗性基因研究”

5.2.1　“农田系统抗生素与抗性基因研究”研究热点概述

抗生素的发明与使用是人类医学史上具有里程碑意义的成就。但是，随着抗生素的大量生产、使用、甚至滥用，抗生素和抗性基因（耐药性）污染已经成为一个全球性的环境健康问题。目前，除了背景水平的抗性基因外，还有人类排放（医院和污水处理厂）、动物养殖和制药厂等外源输入。其中，长期施用采用污泥和动物粪肥制作的有机肥会显著增加农田土壤中抗性基因的丰度和多样性。

近年来，抗生素抗性基因研究在环境科学领域日益受到关注。土壤是抗生素抗性基因的巨大储库，减少土壤生态系统中的抗生素抗性对人类可持续发展至关重要。目前对土壤环境抗生素抗性的研究主要集中在抗性基因定性、定量以及抗生素抗性基因在环境中的传播途径和扩散机制等，取得的研究进展主要有：①发展了环境中抗生素抗性基因的分子检测方法，包括定量聚合链式反应（qPCR）技术、宏基因组学和功能宏基因组学技术，为抗生素抗性的快速诊断提供了有效手段；②发现了微生物群落组成是环境中抗生素抗性基因的主要决定因素，抗生素耐药性在很大程度上受到生态环境的限制；③探讨了污水处理工艺、畜禽粪便和堆肥处理对抗生素抗性基因传播的影响机制，为抗生素抗性基因的消减和控制提供了科学依据。但是，该领域研究也存在诸多亟待解决的科学问题：①对抗生素抗性基因的检测方法缺乏统一的标准，不利于建立抗性基因风险等级标准以评估其真正的生态健康风险；②复合污染对抗性基因抗性会产生什么样的影响，其带来的环境效应如何需进一步研究；③如何通过污水处理厂和堆肥工艺的改性有效控制抗生素抗性基因在环境中传播和扩散，以降低其对食物链和人类健康的污染风险。针对这些问题的深入研究，将有助于全面认识抗性基因在环境中传播、扩散机制和控制对策研究，以有效遏制抗生素抗性基因在环境中的扩散。

5.2.2 “农田系统抗生素与抗性基因研究”发展态势及重大进展分析

本重点热点的核心论文 13 篇，施引论文 1 745篇。主要研究了抗性基因的分子水平、农田传播途径和阻控原理与技术，主要集中在以下几个方面：①阐述了基于细菌培养的筛选技术、定量聚合酶链式反应（qPCR）技术、宏基因组学和功能宏基因组学的抗性基因分子水平研究方法，涉及核心论文 6 篇；②探讨了畜禽粪便与污泥施用及其堆肥过程对农田细菌群落和抗性基因的分子水平传播影响机制，涉及核心论文 4 篇；③探讨了好氧堆肥及堆肥添加剂对农田抗性基因的阻控方法，涉及核心论文 3 篇。

5.2.2.1 抗生素抗性基因分子水平的研究方法

抗生素抗性基因即决定抗生素抗性的遗传因子，是一种新型环境污染物。抗性基因在全球范围内的传播已成为国际关注的焦点。目前，采用的主要研究方法有细菌培养的筛选技术、定量聚合酶链式反应（qPCR）技术、宏基因组学和功能宏基因组学技术。在检测抗性基因技术中，PCR 技术是一种相对敏感、快速的方法。qPCR 技术除了具有普通 PCR 的优势之外，还可以对抗性基因进行定量分析，是一种快速检测、定量丰度和比较分析的强有力手段。基于这些先进技术，科学家广泛研究了农田领域的抗性基因传播与阻控机制。

西班牙拉蒙卡哈尔卫生调查研究所基于宏基因组学技术评估了抗性基因的相关潜在

风险。研究发现抗性基因在环境（包括农田）中无处不在，并且抗性基因可从环境宿主传播到人类易感染的细菌上（人类病原体），具有非常高的环境风险。基于宏基因组学技术，提出了评估抗性基因相关风险的规则。基于宏基因组学分析和高通量测序技术，中山大学和香港大学首次发现废水处理工艺中存在271个亚型抗性基因。他们的研究表明污水处理工艺是有效降低抗性基因的有效方法，但是厌氧消化污泥和活性污泥中仍然积累了大量的抗性基因，这为污泥农用导致抗性基因传播提供了证据。

抗生素抗性基因的分子水平研究是发展阻控其传播技术的基础，对于准确定性定量研究抗性基因、保障农田生态环境安全等具有重要意义。

5.2.2.2 抗生素抗性基因的农田传播途径

抗生素抗性基因在环境中的传播扩散途径有水、土壤和大气，包括由土壤向植物的扩散。农田土壤是抗生素的巨大储库，抗生素抗性基因作为一种新型农田污染物，其在农田介质中的传播扩散比抗生素的危害更大。水平基因转移是抗生素抗性基因传播的重要方式，是造成抗性基因环境污染日益严重的原因之一。目前，关于抗性基因在农田土壤环境中的研究日益增多，主要集中于农业生产过程中有机肥的添加导致的土壤中抗性基因的富集。已有研究证实抗性基因以微生物为载体可通过食物链传递，即由土壤迁移至植物，并转移至动物体内，危害人体健康。

污泥基有机肥的农用是农田土壤抗性基因的主要来源。中国科学院生态环境研究中心利用高通量PCR和16S rRNA基因测序技术证实，污泥堆肥过程显著增加细菌群落丰度，且放线菌在堆肥后期占据主导地位，进而增加抗性基因的丰度，导致土壤中抗性基因的富集和扩散。中国科学院城市环境研究所和香港大学基于qPCR技术，联合监测到污泥中的156个抗性基因。研究发现由于放线菌的存在促进了堆肥过程抗性基因丰度和多样性的增加。另外，长期施用污泥和畜禽粪肥能够显著增加农田土壤中的细菌多样性，进而增加了抗性基因丰度，富集倍数高达3 845倍。网络分析抗性基因与微生物群落共现模式结果表明，细菌群落转移是农田土壤中抗性基因富集传播扩散的驱动力。这些研究结果有助于阐明污泥堆肥和畜禽粪肥施用引起土壤中抗性基因发生和扩散的机理。

南京大学基于宏基因组学和qPCR技术研究了自来水氯化消毒过程的抗性基因和细菌群落的变化规律，在饮用自来水中共检测到151个抗性基因。自来水氯化消毒处理减小了细菌丰度和多样性且改变了细菌群落，可以有效去除嗜甲基菌、甲氧潜能菌、柠檬酸杆菌和多核杆菌，但是增加了饮用水中假单胞菌、嗜酸菌、鞘氨醇单胞菌、多形单胞菌和非细菌的丰度。耐氯细菌假单胞菌和嗜酸细菌是导致抗性基因增加的主要原因，研究证实了细菌群落变化是抗性基因改变的主要诱因。土壤是所有污染物的最终归宿，自来水含氯消毒引起细菌群落和抗性基因的变化，应引起广泛重视。

开展抗生素抗性基因在农田环境中的传播、扩散机制研究，特别是抗性基因从污染源向土壤介质、地下水的传播规律，以期更加有效地遏制抗生素抗性基因在农田环境中的传播。

5.2.2.3 农田抗生素抗性基因的阻控方法

抗性基因可通过水平转移进入人类致病菌并威胁人类健康。因此，如何控制抗生素抗性基因在人类和环境之间的快速传播与扩散，减少农田土壤生态系统的抗生素抗性对人类可持续发展至关重要。与农田土壤中抗性基因的传播与扩散机制相比，抗性基因的阻控机制研究相对较少。

污泥和畜禽粪便有机肥施用是农田土壤抗性基因重要的来源，因此，减少施用污泥和畜禽粪便有机肥中抗性基因丰度是农田抗性基因阻控的重要手段。西北农林科技大学研究发现，工业化污泥堆肥技术能显著降低抗性基因丰度，且受畜禽粪便种类影响。在好氧堆肥过程中，细菌群落的演替比抗生素的存在对抗性基因变化的影响更大，且土霉素浓度越高，对细菌群落的影响越持久。添加土霉素能显著影响细菌群落和抗性基因丰度，但只能减少部分抗性基因丰度（*tetQ*，*tetM*，*tetW*），反而还会增加一些抗性基因的丰度（*tetC*，*tetX*，*sul*1，*sul*2 和 *intI*1）。中国科学院生态环境研究中心比较了天然沸石与硝化剂对污泥堆肥过程中抗性基因的影响过程机制，发现天然沸石与重金属的螯合作用，引起细菌群落的变化，可轻微减少污泥堆肥后抗性基因丰度。以上研究证实了有机肥堆肥过程细菌群落调节剂是控制抗性基因丰度的有效手段。因此，源头消减技术能有效遏制农田抗生素抗性基因。

5.2.3 “农田系统抗生素与抗性基因研究”发展趋势预测

依据本重点热点核心文献和施引文献的相关研究结果，未来农田系统抗生素与抗性基因的研究，应从以下几方面重点开展。

一是建立抗生素抗性基因分子诊断标准与操作规范。发展和构建标准化的抗生素抗性基因数据分析流程，来注释微生物群落中不同风险等级的抗生素抗性基因，进而进行大规模的数据比较，建立抗生素抗性基因风险等级标准，为抗生素抗性与人类健康风险评估提供科学基础。

二是研究多重抗性基因组学。许多抗生素抗性基因常与一些可移动遗传元件相关联，而这些元件往往还携带大量的其他种类的抗性基因，如重金属抗性基因、抗杀虫剂基因等，从而使微生物具有多重抗性，对环境和人类造成更大的潜在危害。因此，需开展对各环境介质中多重复合抗性污染水平、抗性基因种类和基因水平迁移规律的研究，评估其生态健康风险。

三是发展抗生素和抗性基因的控制和削减技术。通过研究不同污水处理工艺和堆肥工艺对抗生素和抗性基因传播的削减效果和机制，优化污水处理和污泥、畜禽粪便的堆肥工艺以控制抗性基因向环境中的扩散，建立消除抗生素和抗性基因传播的技术及其系统解决方案。

5.2.4 “农田系统抗生素与抗性基因研究”研究热点 Top 产出国家与机构文献计量分析

从该重点热点核心论文的 Top 产出国家来看（表 5-2），中国共有 10 篇，占据核心论文总量的 76.92%，远高于其他国家。其次是美国，核心论文量为 5 篇，占总量的 38.46%。澳大利亚核心论文量为 2 篇，占总量的 15.39%。英国、德国和西班牙的核心论文数量都为 1 篇，各占总量的 7.69%。可见，我国对“农田系统抗生素抗性基因研究”领域的科研贡献非常突出。从核心论文产出机构来看，总共有 21 家机构。其中，中国有 8 家机构，分别为中国科学院、香港大学、西北农林科技大学、中国矿业大学、中国农业科学院、南京大学、四川大学和中山大学。中国科学院和香港大学的核心论文分别为 6 篇和 3 篇，是中国主要核心论文发表机构，说明这 2 家机构在该领域科研实力雄厚。美国有 5 家机构，其中密歇根州立大学和圣路易斯华盛顿大学发表的核心论文量分别为 3 篇和 2 篇。上述统计结果表明中美两国及其机构在该领域的核心论文产出能力强，拥有领先优势。

表 5-2 “农田系统抗生素与抗性基因研究”研究热点核心论文的 Top 产出国家和机构

排名	国家	核心论文（篇）	比例（%）	排名	机构	核心论文（篇）	比例（%）
1	中国	10	76.92	1	中国科学院（中国）	6	46.15
2	美国	5	38.46	2	密歇根州立大学（美国）	3	23.08
3	澳大利亚	2	15.39	2	香港大学（中国）	3	23.08
4	英国	1	7.69	4	西北农林科技大学（中国）	2	15.39
4	德国	1	7.69	4	圣路易斯华盛顿大学（美国）	2	15.39
4	西班牙	1	7.69	6	中国矿业大学（中国）	1	7.69
				6	中国农业科学院（中国）	1	7.69
				6	西班牙国家研究委员会（西班牙）	1	7.69

（续表）

排 名	国 家	核心论文（篇）	比 例（%）	排 名	机 构	核心论文（篇）	比 例（%）
				6	西班牙拉蒙卡哈尔卫生调查研究所（西班牙）	1	7.69
				6	霍华德·休斯医学研究所（美国）	1	7.69
				6	联邦德国栽培作物研究中心（德国）	1	7.69
				6	乐卓博大学（澳大利亚）	1	7.69
				6	麦考瑞大学（澳大利亚）	1	7.69
				6	南京大学（中国）	1	7.69
				6	英国皇家康沃尔医院（英国）	1	7.69
				6	四川大学（中国）	1	7.69
				6	中山大学（中国）	1	7.69
				6	科罗拉多大学系统（美国）	1	7.69
				6	埃克塞特大学（英国）	1	7.69
				6	墨尔本大学（澳大利亚）	1	7.69
				6	弗吉尼亚理工大学（美国）	1	7.69

表 5-3 展示的是后续对该领域的核心论文进行引用的施引论文 Top 产出国家和机构。中国施引文献有 889 篇，占总量的 50.95%，美国 388 篇，占总量的 22.24%，然后依次是英国、澳大利亚、西班牙、德国等，其施引文献量都小于 200 篇。可见从施引论文来看，中美两国的论文产出量依然远远高于其他国家，两国在该领域的后续研究依然领先。施引论文量排名前十的机构共有 11 家，其中中国占据 6 家，且排名靠前。中国科学院施引论文量有 298 篇，占施引文献总量比 17.08%，排名第一，且远远高于其他机构的施引论文量。另外，美国有 3 家机构入选，分别是加利福尼亚大学、美国农业部和弗吉尼亚理工大学。以上分析说明中美两国在该领域仍然拥有很强的发展潜力。

表 5-3 “农田系统抗生素与抗性基因研究”研究热点施引论文的 Top 产出国家和机构

排 名	国 家	施引论文（篇）	比 例（%）	排 名	机 构	施引论文（篇）	比 例（%）
1	中国	889	50.95	1	中国科学院（中国）	298	17.08

（续表）

排　名	国　家	施引论文（篇）	比　例（%）	排　名	机　构	施引论文（篇）	比　例（%）
2	美国	388	22. 24	2	西北农林科技大学（中国）	61	3. 50
3	英国	133	7. 62	3	香港大学（中国）	58	3. 32
4	澳大利亚	111	6. 36	4	西班牙国家研究委员会（西班牙）	51	2. 92
5	西班牙	92	5. 27	5	浙江大学（中国）	48	2. 75
6	德国	73	4. 18	6	同济大学（中国）	47	2. 69
7	丹麦	72	4. 13	7	清华大学（中国）	44	2. 52
8	法国	67	3. 84	8	法国国家科学研究中心（法国）	43	2. 46
9	加拿大	66	3. 78	8	加利福尼亚大学（美国）	43	2. 46
10	意大利	51	2. 92	10	美国农业部（美国）	40	2. 29
				10	弗吉尼亚理工大学（美国）	40	2. 29

6 农产品质量与加工学科领域

6.1 农产品质量与加工学科领域研究热点前沿概览

农产品质量与加工学科领域 Top6 研究热点前沿主要集中在农产品加工、食品品质检测和食品包装等方面的技术研究（表 6-1）。2020 年，“食品级颗粒的乳化机制及其应用研究”和“食品中多酚类物质抗氧化活性研究”分别入选为农产品加工先进技术方向研究前沿和研究热点。食品品质检测方面包括“天然食品中生物胺的质谱分析技术研究”“智能感官在食品品质评价中的应用”和“食源性致病菌快速检测技术研究”3 个研究热点。继 2019 年后，“智能食品包装膜制备技术研究与应用”作为食品包装技术领域的研究热点再一次入选，2020 年主要侧重于包装膜的制备技术研究。

从热点前沿施引论文发文量变化趋势看（图 6-1），相对于其他农业领域，农业产品质量与加工领域的技术整体关注度更高，持续时间也较长，“天然食品中生物胺的质谱分析技术研究”研究热点从受关注的时间上来看，其内容更具前瞻性。

表 6-1 农产品质量与加工学科领域 Top6 研究热点及前沿

序 号	类 别	研究热点或前沿名称	核心论文（篇）	被引频次	核心论文平均出版年
1	热点	天然食品中生物胺的质谱分析技术研究	7	317	2018. 4
2	热点	智能食品包装膜制备技术研究与应用	22	1 553	2017. 6
3	重点前沿	食品级颗粒的乳化机制及其应用研究	16	1 151	2017. 4
4	热点	智能感官在食品品质评价中的应用	11	1 065	2016. 9
5	热点	食品中多酚类物质抗氧化活性研究	5	468	2015. 6

（续表）

序　号	类　别	研究热点或前沿名称	核心论文（篇）	被引频次	核心论文平均出版年
6	热点	食源性致病菌快速检测技术研究	5	1 056	2015. 2

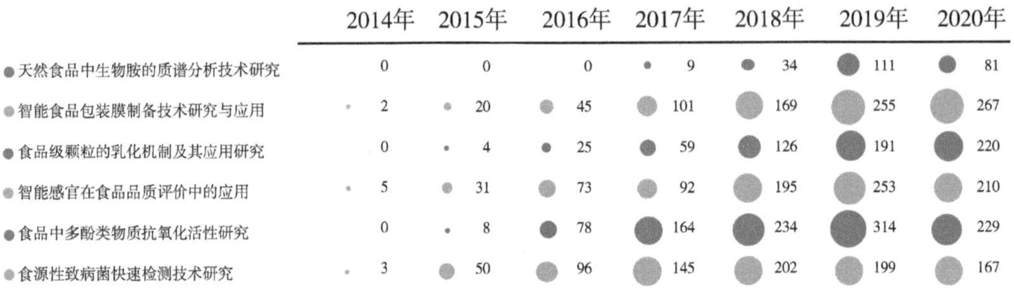

	2014年	2015年	2016年	2017年	2018年	2019年	2020年
天然食品中生物胺的质谱分析技术研究	0	0	0	9	34	111	81
智能食品包装膜制备技术研究与应用	2	20	45	101	169	255	267
食品级颗粒的乳化机制及其应用研究	0	4	25	59	126	191	220
智能感官在食品品质评价中的应用	5	31	73	92	195	253	210
食品中多酚类物质抗氧化活性研究	0	8	78	164	234	314	229
食源性致病菌快速检测技术研究	3	50	96	145	202	199	167

图 6-1　农产品质量与加工学科领域研究热点前沿施引论文量的增长态势

6.2　重点前沿——“食品级颗粒的乳化机制及其应用研究”

6.2.1　“食品级颗粒的乳化机制及其应用研究”研究前沿概述

颗粒材料因其特殊的表面性质一直以来是材料化学领域关注的焦点。通过物理、化学以及生物等改性手段改变颗粒表面的润湿性可以制备出具有良好乳化性的颗粒材料。使用这种颗粒取代传统表面活性剂稳定的乳液被称为 Pickering 乳液。颗粒用作乳化剂的报道最早出现在 20 世纪初，然而一个世纪以来，制备颗粒的原料大多是二氧化硅、二氧化钛等无机材料，且仅在材料化学领域中广泛应用。近年来，一些食品级颗粒逐渐被开发出来。以天然蛋白、多糖等原材料制备的颗粒，不仅克服了传统小分子表面活性剂带来的诸多问题，还凭借其卓越的乳化性能赋予了乳液体系更多、更广泛的功能性质，为食品工业的未来发展与应用带来了新思路、新工艺和新机遇。

经过材料科学与食品科学的交叉融合，有关食品级颗粒乳化机制及其应用的研究不断涌现，近年来主要取得了以下进展：①食品级原材料的可选择范围不断扩大，食品中常见的天然蛋白质、多糖、脂质等经过提取、修饰制备成颗粒后，被证明具有良好的乳化性能；②食品级颗粒的乳化机制研究不断深入，颗粒润湿性、均匀度、浓度、粗糙度等均被证明可以影响乳化性能；③食品级颗粒在真实食品体系中的实际应用不断拓展，以颗粒作为乳化剂为基础构建的乳液体系相继被开发成人造奶油替代物、无蛋素食沙拉酱等食品工业中的颠覆性新产品。虽然食品级颗粒的研究热度高、广度大、程度深，但仍有一些关键科学问题尚未明晰：①针对专门用途的食品级颗粒还没有做到精准匹配，由于性质差异，一种原料很难适用于所有的乳化体系；②在真实食品复杂体系下，颗粒与其他乳化剂的组分间相互作用以及对乳液稳定性的贡献程度并不明确；③食品级颗粒的实际应用需进一步探究，目前依然没有可以在市面上流通的应用食品级颗粒的工业化产品。

6.2.2 “食品级颗粒的乳化机制及其应用研究”发展态势及重大进展分析

该重点前沿共有16篇核心论文，642篇施引论文。根据其重点研究内容可分为3个研究方向：①食品级颗粒的制备；②食品级颗粒的乳化机制；③食品级颗粒及其稳定乳液在食品工业中的应用。

6.2.2.1 食品级颗粒的制备

食品级颗粒的制备是整个领域开展研究的基础。通过对本方向的前沿核心论文总结分析，本方向研究主要集中在原料的选择和颗粒的制备方法上。

根据食品原料的特征，食品级颗粒乳化剂的来源主要有多糖类、蛋白类和脂质类。英国利兹大学研究了常见的生物聚合物蛋白类（如乳清蛋白、大豆蛋白和明胶等）和多糖类（如淀粉、纤维素和几丁质）在乳液稳定中的应用前景，并从颗粒形态（如球体、棒、晶体、聚集体、纤维和微凝胶）进行了分析。比利时根特大学揭示了食品级颗粒在稳定乳液方面的研究进展，指出基于多糖类、蛋白质类、脂肪晶体、类黄酮和蜡质类等形成的食品级颗粒在稳定乳液方面具有较好前景。

目前食品级颗粒的制备方法可分为机械法、化学法、加热或溶剂诱导法、反溶剂法、复合颗粒法等。①机械法主要是降低颗粒粒径以促进其在界面的吸附和重排，常见的方法包括球磨、超声、高压均质和微射流等。②化学法主要是通过颗粒的化学水解、交联和改性等，最终改变颗粒的尺寸和两亲性质。对于存在晶体结构（如纤维素和甲壳质等）不溶于水和多数有机溶剂的食品级材料，可通过酸水解法显著降低颗粒尺寸。西南大学食品学院发现不同化学处理法制备的柠檬籽纤维素纳米晶稳定Pickering乳液性能具有明显区别，并通过食品级交联剂京尼平和TG酶分别成功制备出明胶和β-乳球蛋白纳米颗粒。③加热和溶剂诱导法在蛋白质颗粒制备中应用最为广泛，通过热处理或控制溶剂条件来实现蛋白分子自下而上自组装成聚集体或微凝胶。热处理通过二硫键和疏水相互作用导致蛋白质颗粒的形成。中国农业科学院农产品加工研究所通过TG酶交联花生分离蛋白后高压均质形成微凝胶，表现出出色的稳定高内相Pickering乳液（油相比例87%

的食用油或88%的正己烷）性能。④反溶剂法主要适用于不溶于水的食品级原料，将其预先溶解在有机相中后控制条件再分散到水相，分离有机相后固化形成纳/微结构胶体颗粒。美国新泽西州立罗格斯大学通过反溶剂法制备了高粱醇溶蛋白球形纳米颗粒。其在油相58.8%~78.6%均能形成稳定的Pickering乳液，通过低温扫描电镜证明了其在界面处的吸附排列。华南理工大学首次通过反溶剂法制备麦醇溶蛋白纳米颗粒，可以形成稳定Pickering乳液并在替代食品固体脂肪具有一定潜力。⑤复合颗粒形成主要通过多糖、蛋白质和多酚之间的共价或非共价作用（例如静电吸附、化学交联等）形成复合颗粒，有利于改善单一颗粒在乳液稳定性和功能性上的不足。华南理工大学通过反溶剂法制备了玉米醇溶蛋白/壳聚糖复合颗粒并形成具有良好氧化稳定性的Pickering乳液。同时，还基于玉米醇溶蛋白和单宁酸之间的氢键相互作用，利用反溶剂方法制备了玉米醇溶蛋白/单宁酸复合胶体颗粒，其在乳液界面微观结构调控方面具有一定前景。此外，华南理工大学、中国农业大学、美国新泽西州立罗格斯大学均采用反溶剂法构建了不同原料的蛋白/多糖复合颗粒。

6.2.2.2 食品级颗粒的乳化机制

传统双亲性的表面活性剂分子是通过吸附在油水界面上减小界面张力来稳定乳液体系的。然而颗粒乳化剂特别是食品级颗粒的乳化机制与传统乳化剂是不同的，表现如下。

（1）界面吸附理论

通过吸附到液滴表面形成的界面层产生空位稳定作用来稳定乳液，带电界面层之间还可以通过静电排斥作用抑制乳液聚结。乳液界面层的形成与颗粒形状、粒径、浓度、润湿性和油水比例等相关。颗粒的界面吸附强度与颗粒润湿性（接触角表示）有关，亲水性或亲脂性太强都易造成与油水界面分离，从而降低其乳化性能。颗粒的亲水性或疏水性可以随接触角变化并决定乳液的类型。

（2）连续相网络结构的增强

乳液的乳化稳定机制还可以通过在连续相中形成固体颗粒的黏弹性网络来解释。这种稳定机制归结于连续相中含有高浓度的未吸附颗粒及其相互作用，进而形成3D黏弹性网络结构，抑制油滴移动以增强乳液稳定性。中国农业科学院农产品加工研究所以花生分离蛋白微凝胶稳定Pickering乳液，通过构建界面颗粒吸附层和连续相中3D颗粒网络形成协同稳定超高油相（87%食用油）的高内相Pickering乳液。

（3）耗尽絮凝稳定机制

足够高浓度的非吸附性聚合物分子会产生渗透压来促进乳液液滴和胶体颗粒的絮凝，诱导乳液的耗竭稳定化。荷兰瓦格林根大学发现在乳清分离蛋白稳定的乳液中添加一定量的乳清分离蛋白原纤维可诱导耗尽絮凝来改善乳液稳定性。芬兰阿尔托大学揭示了非吸附的纤维素纳米纤丝能够引起纤维素纳米晶 Pickering 乳液的耗尽絮凝稳定化。

6.2.2.3 食品级颗粒及其稳定乳液在食品工业中的应用

食品级颗粒及其稳定乳液的产业化应用同样是食品科技工作者关注的焦点。目前的应用研究主要分为以下两个部分：①作为封装药物、蛋白质、维生素甚至活细胞的载体；②作为直接可食用的高内相乳液，制备成不含反式脂肪的人造奶油替代物等。

食品级颗粒及其稳定乳液在包封方面拥有较高的普适性和优越的生物特性，为食品行业提供了新的选择。华南理工大学利用杂化醇溶蛋白和壳聚糖颗粒作为稳定剂，成功制备出油相含量高达 83%的乳液，证明了蛋白—多糖颗粒可有效锚定在两相界面上，起到空间阻隔作用，可以很好地保护内部姜黄素。南昌大学使用小麦麦醇溶蛋白纳米颗粒稳定的 W/O/W 乳液包封了表没食子儿茶素没食子酸酯和槲皮素，证明了疏水性和亲水性生物活性分子都可以封装在 W/O/W 乳液凝胶输送系统中。新泽西州立大学利用卵转铁蛋白为乳化剂，开发了具有较高橙皮苷含量的食品级有机凝胶基乳液，其在 50%～85%油相下均具有良好的贮存稳定性，可提高脂肪分解程度和橙皮苷的生物利用率，且该体系营养负荷率高，冻融稳定性强。

由于世界卫生组织（WHO）宣布 2023 年禁止使用人造反式脂肪，美国在 2015 年宣布 3 年内禁止使用人造反式脂肪，食品颗粒及其稳定乳液在替代脂肪方面拥有的潜力越来越受到重视。华南理工大学发现未改性的醇溶蛋白颗粒在 pH 值为 4 及以上的实验条件下，可以制备出稳定的、无表面活性剂的 O/W 乳液，开辟了一条将液态油转化为无反式脂肪、低饱和脂肪的黏弹性乳液凝胶的新途径。同时，华南理工大学提出，高内相 Pickering 乳液能将液体油转化为黏弹性软固体而不使用人造反式脂肪，可作为氢化植物油的潜在替代品。2018 年，中国农业科学院用花生分离蛋白微凝胶颗粒稳定了 87%食用油，该指标在国内外报道的食品级 Pickering 乳液中是最高的。其外部形态、流变特性等功能性质与人造奶油相近，且不含反式脂肪，是极具潜力的人造奶油替代品。2020 年，北京工商大学研究发现玉米醇溶蛋白颗粒可以有效改善高度不饱和油基生奶油的机械性能，为 Pickering 乳液对于氢化油的替代提供了又一有力证据。

6.2.3 “食品级颗粒的乳化机制及其应用研究”发展趋势预测

依据本前沿核心论文和施引论文的相关研究结果，食品级颗粒的乳化机制及其应用研究应从以下几方面重点开展。

第一，食品级颗粒作为乳化剂，在生物相容性、可降解性、成本问题和乳液性质可调控性方面均具有独特优势。出于可持续发展的需要，更多食品加工原料及其副产物资源应当被用来充当食品级颗粒乳化剂的生产原料。同时，应当向定向、精准筛选最优颗粒资源方向发展。

第二，在颗粒制备过程中，寻求可工业化生产的食品级胶体颗粒原料和方法具有重要意义。因此，在调节颗粒形貌大小、均一性和两亲性方面亟需获得更为简便和绿色的途径，如通过微凝胶、自组装等途径。另外，颗粒的性质调控（如形貌、粒径、两亲性、表面电荷等）将是未来的研究重点。

第三，研究乳液“可调控界面结构”能够使乳液在不同环境和功能应用方面具有更多的灵活性。考虑到食品是一个混合体系，通过调节不同类型的食品级颗粒之间的复合来调控乳液界面性质及稳定性具有重要前景。这可能需要利用多种先进研究手段从多尺度耦合角度分析乳液界面与稳定性之间的关系，其中界面膜的形成、结构及其动态变化将是未来的研究重点。

第四，在乳液应用方面，需要对乳液用于封装和递送功能性成分（如姜黄素、β-胡萝卜素）进行更为系统和深入的体外和体内研究。另外，水包油型的高内相 Pickering 乳液有潜力作为有效脂肪替代品在食品中进行利用，并且将在人造奶油替代物、素食沙拉酱等新型产品中实现产业化应用。

6.2.4 “食品级颗粒的乳化机制及其应用研究”研究前沿 Top 产出国家与机构文献计量分析

从该前沿核心论文 Top 产出国家来看（表6-2），中国贡献了 12 篇，占核心论文总量的 75.00%，居 Top 产出国家首位；其次是美国，核心论文数量为 9 篇，占总量的 56.25%；比利时和英国分别贡献了 1 篇核心论文，分别占总量的 6.25%。从核心论文产出机构看，排名靠前的机构列表中共包含 15 家机构，其中 11 家机构来自中国，2 家机构来自美国，比利时和英国各有 1 家机构。另外，新泽西州立罗格斯大学以 6 篇核心论文的优势成为该前沿发表核心论文最多的机构。由此可见，中国及其机构在该领域的基础研究方面极具影响力和活跃度，具有较强的竞争优势。

表 6-2 “食品级颗粒的乳化机制及其应用研究”研究前沿核心论文的 Top 产出国家和机构

排名	国家	核心论文（篇）	比例（%）	排名	机构	核心论文（篇）	比例（%）
1	中国	12	75.00	1	新泽西州立罗格斯大学（美国）	6	37.50
2	美国	9	56.25	2	华南理工大学（中国）	4	25.00
3	比利时	1	6.25	3	马萨诸塞大学（美国）	3	18.75
3	英国	1	6.25	4	中国农业大学（中国）	2	12.50

（续表）

排　名	国　家	核心论文（篇）	比　例（%）	排　名	机　构	核心论文（篇）	比　例（%）
				4	江西农业大学（中国）	2	12.50
				4	南昌大学（中国）	2	12.50
				7	中国科学院（中国）	1	6.25
				7	根特大学（比利时）	1	6.25
				7	江西绿野轩生物科技有限公司（中国）	1	6.25
				7	韶关大学（中国）	1	6.25
				7	沈阳师范大学（中国）	1	6.25
				7	利兹大学（英国）	1	6.25
				7	武汉理工大学（中国）	1	6.25
				7	五邑大学（中国）	1	6.25
				7	浙江林业科学研究院（中国）	1	6.25

从该前沿施引论文 Top 产出国家来看（表 6-3），中国有 397 篇，占核心论文总量的 61.84%，遥遥领先于其他国家。美国核心论文数量为 130 篇，占总量的 20.25%，英国 37 篇，占总量的 5.76%，伊朗以 4.98%的比例位列第四，加拿大以 4.05%的比例排名第五。从核心论文的产出机构来看，列表中排名前十的机构共有 12 家。其中，9 家机构来自中国，2 家来自美国，1 家来自英国。中国的华南理工大学的施引论文数量达到 83 篇，占总量的 12.93%，位居首位。综上所述，中国及其研究机构在前沿领域的研究中具有较强的发展潜力和优势。

表 6-3　“食品级颗粒的乳化机制及其应用研究”研究前沿施引论文的 Top 产出国家和机构

排　名	国　家	施引论文（篇）	比　例（%）	排　名	机　构	施引论文（篇）	比　例（%）
1	中国	397	61.84	1	华南理工大学（中国）	83	12.93
2	美国	130	20.25	2	马萨诸塞大学系统（美国）	47	7.32
3	英国	37	5.76	3	新泽西州立罗格斯大学（美国）	44	6.85
4	伊朗	32	4.98	4	江南大学（中国）	35	5.45
5	加拿大	26	4.05	5	中国农业大学（中国）	33	5.14
6	比利时	19	2.96	6	华中农业大学（中国）	31	4.83

（续表）

排名	国家	施引论文（篇）	比例（%）	排名	机构	施引论文（篇）	比例（%）
6	巴西	19	2.96	7	南昌大学（中国）	25	3.89
8	澳大利亚	14	2.18	8	利兹大学（英国）	20	3.12
9	荷兰	13	2.03	9	中国科学院（中国）	18	2.80
10	法国	12	1.87	10	北京工商大学（中国）	15	2.34
				10	济南大学（中国）	15	2.34
				10	华南农业大学（中国）	15	2.34

7 农业信息与农业工程学科领域

7.1 农业信息与农业工程学科领域研究热点前沿概览

农业信息与农业工程学科领域 Top9 研究热点前沿主要集中揭示了生物、材料制备、无人机、卫星监测和激光遥感等技术在农业中的应用研究（表 7-1）。“混合生物柴油转化技术及其利用”“秸秆燃料乙醇转化关键技术”“生物基平台化合物炼制技术及应用”和“土壤重金属生物修复关键技术及应用”主要揭示了农业废弃物资源化利用的生物化学技术手段；“纳米材料制备及其在重金属吸附中的应用”和“天然纤维聚合物复合材料制备与表征”主要揭示了农业工程领域的材料制备技术；“基于卫星监测与毫米波传输的土壤水分与营养含量反演技术”“基于激光传感器地面覆盖生物量评估技术”和“农用无人机近地作物表型信息获取技术及其应用”3 个研究热点重点揭示了卫星监测、激光传感器及遥感技术在智能农业中的应用，其中无人机技术和卫星监测技术作为智能农业的热点技术，已连续 3 年有相关研究热点入选，无人机技术再次作为重点热点，本部分后续内容对该技术的相关研究热点进行了深入解读。

从热点前沿施引论文发文量变化趋势看（图 7-1），以上各热点前沿关注度基本上呈现逐年上升的趋势，其中，“农用无人机近地作物表型信息获取技术及其应用”研究热点历年受关注度最高，“纳米材料制备及其在重金属吸附中的应用”研究前沿从受关注的时间上来看内容更具前瞻性。

表 7-1　农业信息与农业工程学科领域 Top10 研究热点及前沿

序　号	类　别	研究热点或前沿名称	核心论文（篇）	被引频次	核心论文平均出版年
1	前沿	纳米材料制备及其在重金属吸附中的应用	5	275	2019.6
2	热点	天然纤维聚合物复合材料制备与表征	6	548	2018.5
3	热点	混合生物柴油转化技术及其利用	12	916	2017.8
4	热点	基于卫星监测与毫米波传输的土壤水分与营养含量反演技术	16	1 626	2017.1
5	热点	基于激光传感器地面覆盖生物量评估技术	9	929	2016.6
6	热点	秸秆燃料乙醇转化关键技术	5	769	2016.4
7	重点热点	农用无人机近地作物表型信息获取技术及其应用	36	3 987	2016.3
8	热点	生物基平台化合物炼制技术及应用	6	1 093	2015.0
9	热点	土壤重金属生物修复关键技术及应用	5	1 242	2014.6

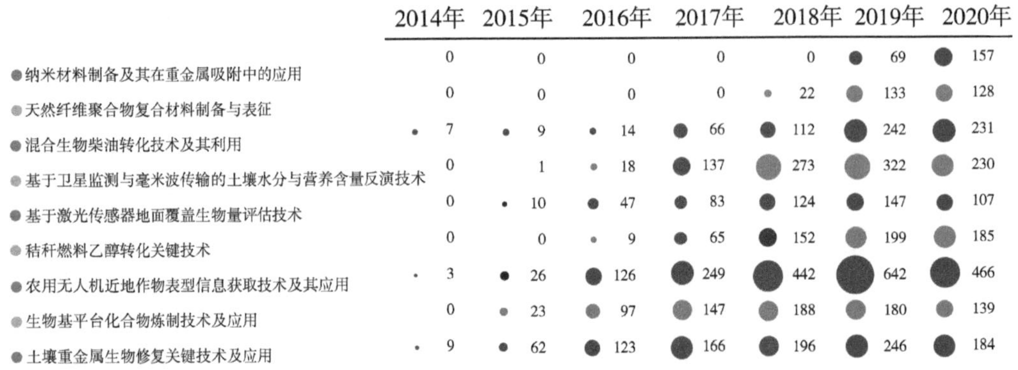

	2014年	2015年	2016年	2017年	2018年	2019年	2020年
纳米材料制备及其在重金属吸附中的应用	0	0	0	0	0	69	157
天然纤维聚合物复合材料制备与表征	0	0	0	0	22	133	128
混合生物柴油转化技术及其利用	7	9	14	66	112	242	231
基于卫星监测与毫米波传输的土壤水分与营养含量反演技术	0	1	18	137	273	322	230
基于激光传感器地面覆盖生物量评估技术	0	10	47	83	124	147	107
秸秆燃料乙醇转化关键技术	0	0	9	65	152	199	185
农用无人机近地作物表型信息获取技术及其应用	3	26	126	249	442	642	466
生物基平台化合物炼制技术及应用	0	23	97	147	188	180	139
土壤重金属生物修复关键技术及应用	9	62	123	166	196	246	184

图 7-1　农业信息与农业工程学科领域研究热点前沿施引论文量的增长态势

7.2　重点热点——“农用无人机近地作物表型信息获取技术及应用”

7.2.1　“农用无人机近地作物表型信息获取技术及应用”研究热点概述

自 20 世纪 80 年代日本雅马哈公司将无人直升机应用于农业后，农用无人机在全球飞速发展，成为无人机行业最主要的增长点之一。东亚因人多地少、地块小型化成为农用无人机主要应用地区。中国在2015年拥有3 000多架农用无人机，无人机研发生产企业超过400家，成为世界第一大农用无人机研发和使用的国家。无人机在农业领域近地作物表型信息获取方面迅速发展的主要原因有：①高精度和高分辨率保证数据的质量；②灵活、机动、迅速的特点更适应农业生产复杂多变的要求；③价格优势和操作简便有助于向农场和农户推广；④实施精准农业的有效工具。农用无人机市场需求的增长激发科研人员对农用无人机近地作物表型信息获取技术及应用研究的兴趣，使之成为全球农业领域广泛关注的研究方向。

农用无人机的高效工作与机身结构、飞控系统、信息获取与解析、作业系统都有关。面对复杂作业环境，农用无人机的应用存在作业对象辨识度低、不易获取作物冠层内部特征、低空仿地飞行和避障难度大等难点，另外，由于农民承受能力的限制，缺少性能可靠、价格适中的农业传感器。现在的农用无人机搭载了数码、红外、高光谱和多光谱、激光雷达等不同原理和方式的传感器，从颜色、形状、高度、深度、生物量等各个方面提取作物表型信息，通过各种指数和模型来判断作物的状态，从而为下一步的决策和作业提供依据。

当前农用无人机对基于颜色、叶面积、叶绿素含量等近地作物表型信息进行的营养诊断、杂草识别、产量估测等研究已经成熟，并应用于主要农作物，但对小范围内植株差异性判别、早期虫害杂草识别、冠层内部细节特征信息及时性提取和处理、较小海拔差作物定位等表型信息获取还没有很好的解决方法。未来需要装配性能更高的传感器和处理器，结合人工智能和机器学习，获取作物细微信息，解析出指纹化特征。另外，高性价比、高能效的农业传感器也是农用无人机研发的一个重要任务。

7.2.2 "农用无人机近地作物表型信息获取技术及应用"发展态势及重大进展分析

本热点的核心论文39篇，施引论文1 988篇。主要研究了农用无人机近地作物表型信息获取技术及应用，具体主要集中在以下两个方面：①研究农用无人机近地作物表型信息获取技术的创新和改进；②研究该项技术在农业领域的实际应用。

7.2.2.1 作物表型信息获取技术

作物表型是指作物受基因及环境影响，所反映的结构组成、生长发育过程及结果的全部物理、生理、生化特征和形状。作物表型信息是指通过光、波、热等各种传感设备捕获的作业对象特征指标经过数据处理后呈现出来的电信号。当前研究较多的农用无人机近地作物表型信息获取技术包括以下几点。

（1）RGB图像技术

RGB数字图像技术是现在运用最广、成本较低的图像获取技术。RGB图像可获取400~760纳米波段作物的色彩信息和位置信息，分辨率高，但易受光影影响且光谱分辨率低，常结合图像处理和深度学习用于作物病虫害、密度计数、形态等分析。美国密苏里大学利用农用无人机RGB图像结合深度学习模型估算棉花出苗率，对棉花幼苗进行计数和冠层尺寸统计，每张20万像素图像的处理时间可达到2.2秒。其中预处理时间为1.8秒，拟合R2均高于90。德国科隆大学利用地面高光谱仪和搭载RGB相机的农用无人机获取了两种氮肥水平下18种大麦的作物冠层光谱及可见光波段信息。通过对比不同波段的植被指数和高度对大麦生物量的拟合程度，发现归一化植被指数和干物质量具有更高的相关关系。同时，可见光波段的植被指数适合作为早期大麦生长阶段的生物量估测指标。在获取完高分辨率彩色图像后，对绿色像素进行分割和识别，使用粒子群优化训练的支持向量机对每一行图像目标进行识别并估算作物数量，均方根误差和相对均方根误差分别为34.05株/米^{2}和14.31%，且重现性好。

（2）高光谱技术

高光谱传感器能获取一定范围内的全波段光谱信息，光谱分辨率高，具有波段信息更多，现已被用于分辨土壤、植被、环境的物质含量（包括叶绿素含量、氮、水分、木质素等）、物种分类、空间分布表征、生物量统计和产量测算等信息。农业农村部①农业定量遥感重点实验室利用高光谱传感器获取冬小麦图像，构建了特定光谱波段的单参数模型和结合作物高度的复合光谱模型，后者可提高地上生物量的预测精度（精度达74%）。尽管高光谱能够获取巨大的光谱数据信息，但是其高维度冗余数据及所产生的休斯现象给数据分析带来难题。与高光谱不同，多光谱相机获得的是3~20个非连续波段的光谱信息，而非全波段光谱信息，因此成本更低、数据处理相对简单，在应用中具有价格优势。

（3）激光雷达探测技术

激光雷达利用高精度光学探测与测距，其通过飞行时间主动测定传感器与被测物体之间的距离，通过分析反射能量、反射波谱的幅度、频率和相位等数据来呈现目标物体的精确三维细节。具有穿透性强、抗干扰力强的特点。法国国家农业科学研究院应用激光雷达对小麦水分胁迫下的高度进行了探测，获得了99.5%的精度。澳大利亚联邦科学与工业研究组织利用农业无人机激光雷达和多光谱成像技术对甘蔗生物量和叶片氮含量进行精细预测，发现多光谱和激光雷达对比归一化植被指数对甘蔗生物量和氮肥含量具

---

① 中华人民共和国农业农村部，全书简称农业农村部。

有更好的相关性。

(4) 三维重建技术

三维重建技术能利用一系列包含视觉运动信息的二维图像重组三维图像，从而可以获得作业对象的三维信息，使得农情监测和农事作业更精确。美国德州农工大学、澳大利亚塔斯玛尼亚大学、德国科隆大学等机构均对农用无人机机载三维重建技术进行过研究。德州农工大学对玉米株高的实验证实了三维重建比地面激光雷达具有更高的相关性。塔斯玛尼亚大学的研究发现对于覆盖密集的冠层，三维重建技术的精度不如激光扫描，但其成本低适合于低精度 3D 结构探测。

7.2.2.2 作物表型信息获取技术的应用

农用无人机在获得近地作物表型特征后，经过特定的算法对作物信息特征解析后发送给决策系统，后者再指挥作业系统进行后续的农事操作，具体的应用场景如下。

(1) 农林遥感监测与估产

卫星遥感易受天气、轨道周期、分辨率、环境等因素的影响，而农用无人机因其灵活性、实时性、移动性等特点，逐步成为农林遥感的主要方式，也是全面快速了解作物长势、估测作物产量的重要手段。西班牙国家研究委员会利用搭载热传感器和窄带多光谱传感器的农用无人机获得了蔬菜 40 厘米分辨率的热图像和 20 厘米分辨率的窄带多光谱图像，使得农用无人机成为农业监测成为可能。利用光谱遥感成像获得获取作物含水量、叶绿素含量、叶面积指数、生长量等参数后，根据参数与作物长势和产量之间的模型监测作物长势、预测作物产量，为农作物是否要施肥打药提供决策支持。中国南京农业大学、德国霍恩海姆大学使用搭载高光谱相机、数码相机的农用无人机对小麦、玉米的作物空间分布、生物量的监测都取得了成功。法国国家农业科学研究院的农用无人机在 3~7 米的超低空飞行中获得了 0.20~0.45 毫米分辨率的小麦图像，并利用 Agisoft Photoscan 软件导出图像位置后，先分离绿色背景，再通过支持向量机算法估算每一行上的小麦数量。高分辨率立体图像能更直观反映出作物的实际空间分布，近年来在农情监测中得到广泛应用。对此研究较多的机构有中国科学院、德国科隆大学等。

(2) 水肥管理与病虫诊断

作物在缺乏营养和水分或受到病虫草危害后会表现出异常状态。通过农用无人机的探测可以建立药肥处方图，从而指导后续的用肥用药。作物缺乏氮元素时叶色发黄，而缺乏磷钾元素叶色发紫、叶缘变焦，因此前者更容易被检测。同时氮元素要实时调控，而磷钾元素一般是恒量调控，因此当前农用无人机在监测氮元素中的应用较多。通常 RGB 相机、多光谱相机、高光谱成像仪都可以获得较好的图像，再通过叶面指数、可见光大气阻抗植被指数、绿色归一化植被指数等参数反演出作物氮元素的含量。日本东京大学和京都大学以及中国东北农业大学对水稻、德国科隆大学对大麦、国际玉米小麦改良中心对玉米和小麦都在分别开展作物氮元素监测的研究。作物遭受虫害后颜色、形状等外部特征与正常作物的区分度不大，但病害可以使作物的颜色、高矮有较大变化，杂草和作物可以通过叶面指数来区分。西班牙国家研究委员会可持续农业研究所是较早使用农用无人机开展杂草管理研究的机构，他们开发出基于对象图像分析软件（Object Based Image Analysis，OBIA）对田间作物进行分类、对杂草进行识别并生成杂草图，计算杂草覆盖率的总准确率为86%。随后，该团队又发展了OBIA的算法，使得机器不需通过人工训练就能自动识别图像，并能在杂草图的基础上生成处方图。美国农业部利用配有五波段多光谱传感器和仰视入射光传感器的六旋翼无人机侦察科罗拉多马铃薯甲虫，认为农用无人机遥感在早期检测甲虫方面具有潜力。中国安徽农业大学研究出基于RGB图像的神经网络方法，能够确定田间小麦镰刀菌赤霉病的病害等级，准确度达92.5%。

7.2.3 “农用无人机近地作物表型信息获取技术及应用”发展趋势预测

掌握正确和精准的近地作物表型信息是农用无人机飞行导航、路径规划、农事作业的前提，也是制约农用无人机发展的核心。这需要生物学家、工程师和农业科学家各司其职、合作探索。依据本热点核心论文和施引论文的相关研究结果，未来农用无人机近地作物表型信息获取技术及应用应从以下几方面重点开展。

第一，作业对象和环境信息的全面性、立体化、指纹化研究。首先需要生物学家提炼出不同作物在不同状态下的不同特征，这种特征需要精确到植株个体，需要提前到早期，还需要深入到冠层之下；其次需要农业科学家根据具体的表型特征、环境因素和作物生长需求来确定参数，从而将复杂的信息通过建立公式和模型表达出来，以便让工程师研发出不同原理的农用传感器。

第二，开发多源数据融合的农用无人机综合管理平台和作物表型信息数据库。农用无人机的使用需要大量数据进行决策支撑，同时也会收集和产生大量的数据。在大数据背景下，农用无人机通过综合管理平台，能够对卫星、无人机、地面设备获取的信息进行整合，能够调用历史和前期数据为当下的作业服务，能够融合大气候和小气象数据为农业生产提供参考，能为农用无人机选择最佳的作业方案提供多元数据支持。

第三，提升作业系统精确度和准确度，扩大农用无人机应用范围。近地作物表型获取的目的是为农事操作提供决策依据。无论施肥、喷药、灌溉都要按照处方图来操作才能实现精准农业，但现在农用无人机并不能根据处方图对极小范围内的近地作物甚至个体作物快速改变来进行差别化作业。因此，降低设备响应的延迟、提高作业的精准度是未来农用无人机广泛应用的基本要求。另外，随着无人机在农业环境监测和畜禽监管中的推广，获取动物表型信息特征也会成为研究的热点之一。

7.2.4 “农用无人机近地作物表型信息获取技术及应用”研究热点 Top 产出国家与机构文献计量分析

从该热点核心论文的 Top 产出国家来看（表 7-2），中国和美国并列第一，各有 9 篇，共占核心论文总量的 25.00%，遥遥领先于其他国家。澳大利亚以 5 篇论文位居第三，加拿大、德国和西班牙各有 4 篇论文，并列第四。从核心论文数量可以看出，中国和美国是全球在农用无人机近地作物表型信息获取技术及应用方面研究的佼佼者，引领全球作物表型信息获取技术的发展。从核心论文产出机构看，排名前十的机构中，加拿大有 3 家机构，中国有 2 家机构，澳大利亚、西班牙、美国和德国各有 1 家机构，另外还有 1 家国际组织入选。这与 Top10 国家的分布基本一致。其中，发表核心论文最多的机构分别是北京市农林科学院、国际农业研究磋商组织和不列颠哥伦比亚大学，各有 4 篇论文入选。可以看出，这些机构在该领域具有较强实力。

表 7-2 “农用无人机近地作物表型信息获取技术及应用”研究热点核心论文的 Top 产出国家和机构

排名	国家	核心论文（篇）	比例（%）	排名	机构	核心论文（篇）	比例（%）
1	中国	9	25.00	1	北京市农林科学院（中国）	4	11.11
1	美国	9	25.00	1	国际农业研究磋商组织（国际）	4	11.11
3	澳大利亚	5	13.89	1	不列颠哥伦比亚大学（加拿大）	4	11.11
4	加拿大	4	11.11	4	加拿大森林局（加拿大）	3	8.33
4	德国	4	11.11	4	中国农业大学（中国）	3	8.33
4	西班牙	4	11.11	4	澳大利亚联邦科学与工业研究组织（澳大利亚）	3	8.33
7	英国	3	8.33	4	西班牙国家研究委员会（西班牙）	3	8.33
7	芬兰	3	8.33	4	加拿大自然资源部（加拿大）	3	8.33
7	墨西哥	3	8.33	4	美国农业部（美国）	3	8.33

（续表）

排　名	国　家	核心论文（篇）	比　例（%）	排　名	机　构	核心论文（篇）	比　例（%）
10	捷克	2	5.56	4	科隆大学（德国）	3	8.33
10	法国	2	5.56				
10	意大利	2	5.56				
10	挪威	2	5.56				
10	津巴布韦	2	5.56				

从后续引用该热点核心论文的施引论文量来看（表7-3），美国共有496篇，占该热点施引论文总量的24.95%。中国比美国略低，有453篇，占比22.79%，两者累加占比48%，与二者核心论文的累加占比量接近，无疑中国和美国是该热点研究的第一梯队国家。德国、澳大利亚和西班牙发表的施引论文数量介于150~200篇，构成该热点的第二梯队。英国、加拿大、意大利、芬兰和巴西是该热点的第三梯队国家，施引论文在70~120篇。施引论文量排名前十的机构共11家，其中，中国3家，美国和芬兰各2家，国际组织、西班牙、德国和法国各有1家。美国农业部以86篇位列第一位，占该热点施引论文总量的4.33%，中国科学院以73篇施引论文量紧随其后，成为施引论文第二大贡献机构。上述统计结果表明该热点引起全球多个国家相关机构的共同关注，这些机构均具备一定的研发潜力。

表7-3　“农用无人机近地作物表型信息获取技术及应用”研究热点施引论文的Top产出国家和机构

排　名	国　家	施引论文（篇）	比　例（%）	排　名	机　构	施引论文（篇）	比　例（%）
1	美国	496	24.95	1	美国农业部（美国）	86	4.33
2	中国	453	22.79	2	中国科学院（中国）	73	3.67
3	德国	186	9.36	3	南京农业大学（中国）	45	2.26
4	澳大利亚	163	8.20	4	芬兰国家土地调查局（芬兰）	45	2.26
5	西班牙	153	7.70	5	北京市农林科学院（中国）	44	2.21
6	英国	121	6.09	6	国际农业研究磋商组织（国际）	44	2.21
7	加拿大	118	5.94	7	德州农工大学系统（美国）	43	2.16
8	意大利	108	5.43	8	西班牙国家研究委员会（西班牙）	40	2.01

（续表）

排 名	国 家	施引论文（篇）	比 例（%）	排 名	机 构	施引论文（篇）	比 例（%）
9	芬兰	81	4.07	9	芬兰地理空间研究所（芬兰）	40	2.01
10	巴西	70	3.52	10	德国亥姆霍兹联合会（德国）	36	1.81

8 林业学科领域

8.1 林业学科领域研究热点前沿概览

从 ESI 热点前沿数据中农业各学科领域热点前沿数量分布的比例来看，2020 年，林业学科领域热点前沿的数量相对较少，仅遴选了 3 个 Top 热点前沿。这 3 个热点前沿主要集中揭示了森林监测与森林生态 2 个方向的研究（表 8-1）。“基于长时间序列遥感影像的森林干扰、恢复及分类研究”侧重于方法研究，2020 年入选为森林监测方向的研究前沿，2019 年“基于激光与雷达的森林生物量评估技术”研究热点侧重于技术研究入选为当年农业信息与农业工程学科领域的研究热点。森林生态方向主要包括“气候变化对红树林生态系统的影响”和“林火对森林生态系统的影响及应对”2 个研究热点。下文将对“基于长时间序列遥感影像的森林干扰、恢复及分类研究”研究前沿进行深入的内容解读。

从热点前沿施引论文发文量变化趋势看（图 8-1），相对于其他农业领域，林业学科领域近期高关注的前瞻性研究相对较少，“气候变化对红树林生态系统的影响”是历年关注度最高，且持续时间较久的研究热点之一。

表 8-1　林业学科领域 Top6 研究热点及前沿

序　号	类　别	研究热点或前沿名称	核心论文（篇）	被引频次	核心论文平均出版年
1	重点前沿	基于长时间序列遥感影像的森林干扰、恢复及分类研究	5	504	2016.0
2	热点	气候变化对红树林生态系统的影响	15	2 492	2015.7

（续表）

序　号	类　别	研究热点或前沿名称	核心论文（篇）	被引频次	核心论文平均出版年
3	热点	林火对森林生态系统的影响及应对	5	690	2015. 4

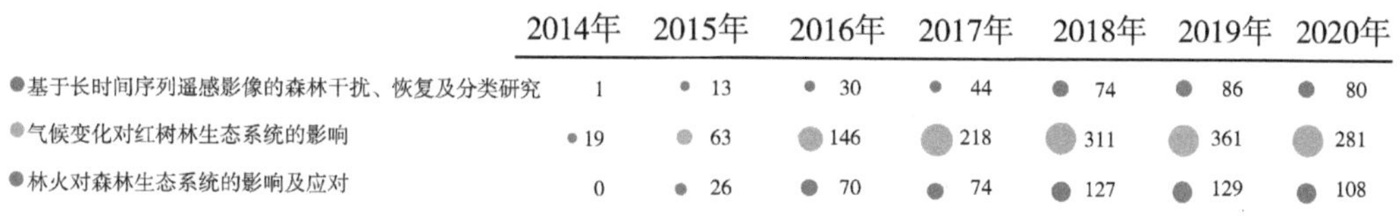

	2014年	2015年	2016年	2017年	2018年	2019年	2020年
基于长时间序列遥感影像的森林干扰、恢复及分类研究	1	13	30	44	74	86	80
气候变化对红树林生态系统的影响	19	63	146	218	311	361	281
林火对森林生态系统的影响及应对	0	26	70	74	127	129	108

图 8-1　林业学科领域研究热点前沿施引论文量的增长态势

8. 2　重点前沿——“基于长时间序列遥感影像的森林干扰、恢复及分类研究”

8. 2. 1　“基于长时间序列遥感影像的森林干扰、恢复及分类研究”研究前沿概述

森林受到气候变化、灾害、人类活动的影响会产生巨大变化，进而影响全球碳循环。森林干扰是指森林发生突然性的变化，自然干扰如森林火灾、雪灾、虫灾等，人类活动干扰如采伐等。森林干扰已成为林业管理、生态学、灾害、气候变化关注的热点问题。可以说，森林干扰是促进森林覆盖变化和生态格局演变的驱动力之一，森林干扰的类型、强度都会不同程度地影响森林物种和结构的变化。干扰之后，森林生态系统会受到长期的影响，并经历一个很长的恢复期，也就是所谓的森林恢复。森林干扰和森林恢复一直不断驱动着森林的自然群落状况和生态系统的持续更新。

就遥感变化监测角度而言，森林干扰可以解释为造成森林覆盖率或生物量发生明显变化的火灾、病虫灾和人类采伐等。目前，长时间序列遥感是监测多尺度森林覆盖变化、森林干扰和恢复情况是最有效的手段，让科学家能够更容易理解森林生态系统演变与气候变化之间的关系。

森林变化监测的传统方法是对同一时相的不同时期的遥感图像进行对比分析。早期的遥感影像以低空间分辨率的 AVHRR、MODIS 数据为主进行长时间序列分析，缺点是无法对森林细节进行描述。Landsat 系列遥感数据具有 30 米分辨率和 40 年长期观测周期，

结合多种时间序列分析方法，成为遥感监测森林变化、干扰和恢复最为重要的数据源。经过多年的发展，目前利用 Landsat 长时间序列监测森林的变化、干扰和恢复的技术方法基本成熟。利用 Landsat 识别不同持续时间和地域分布的森林干扰现象，发展高精度自动监测算法、扩展与激光雷达（LiDAR）、无人机数据的结合，进而更深层次的分析森林干扰和恢复对气候变化的影响和反馈，是当前需要关注和突破的研究方向。

8.2.2 “基于长时间序列遥感影像的森林干扰、恢复及分类研究”发展态势及重大进展分析

本前沿的核心论文共检索到 5 篇，施引论文 336 篇，主要研究了基于长时间序列遥感影像的森林干扰、恢复及分类，具体集中在以下几个方面：①基于长时间序列的森林覆盖变化监测，涉及核心论文 2 篇；②森林干扰和恢复遥感监测及特点，涉及核心论文 2 篇；③森林干扰和恢复的遥感时间序列分析方法，涉及核心论文 1 篇。

8.2.2.1 基于长时间序列的森林覆盖变化监测

遥感观测具有高时间分辨率的连续观测能力，迄今已经积累了大量的观测数据，形成了长时间序列遥感产品，能够反映地表在一个长时间范围内的动态变化情况。森林变化是其中最直接也是最重要的观测对象之一，它与土地利用、人类活动、气候变化等各方面相关，因此对森林变化趋势的时空研究有非常重要的意义。

早期，MODIS 和 AVHRR 等具有 8 天重访的高时间分辨率产品，成为长时间序列分析监测森林覆盖变化的主要数据来源，但是其空间分辨率不足以监测小面积的森林变化。近年来，基于 30 米分辨率的 Landsat 卫星遥感技术的发展为森林干扰的监测提供了数据支撑，特别是时间序列的遥感数据被成功用于森林干扰变化监测。同时，时间序列分析的方法也日益成熟，主要分为基于像元的变化监测和面向对象的变化监测方法。面向对象监测方法一般结合影像分类，进行森林资源的变化监测。其他常用的成熟方法还有分类后比较法、图像分类结合统计分析法、监测指数法，以及时间序列分析法。

早期研究利用 Landsat 影像构建的指数或者线性趋势分析，来描述森林覆盖的时空演变过程。2011 年，就有科学家利用 Landsat 数据建立干扰指数（Disturbance Index，DI），识别了美国 1990—2000 年森林干扰和森林恢复的情况。2013 年，澳大利亚联邦科学与工业研究组织的科研人员基于 Landsat 数据和二次拟合分析方法，分析了澳大利亚森林覆盖变化的趋势。2018 年，加拿大不列颠哥伦比亚大学的科学家在时间序列干扰监测方法基础上，建立加拿大全国森林监测 29 年的土地覆盖数据三维数据集，并加入分析和可视化功能，称之为虚拟土地覆盖引擎（VLCE）。监测范围覆盖了加拿大 6.5 亿公顷森林生态系统，准确率可达到 70.3%（±2.5%），并在此基础上讨论了森林覆盖与干扰过程之间的

关系。

与 Landsat 数据等多光谱数据相比，LiDAR 不受云和阴影的影响，数据质量有保证，可以尝试将这两种数据进行联合监测。目前的研究趋势是将 Sentinel-2、高分和环境星等数据与 Landsat 数据结合，加强在遥感数据在光谱和空间的特征。结合 Google Earth Engine（GEE）云平台等大数据处理平台，解决不同数据源、不同尺度、不同光谱的数据融合和时间序列构建。

8.2.2.2 森林干扰和恢复遥感监测及特点

森林火灾作为最重要的干扰之一，不仅仅改变森林的结构和环境，还对气候变化产生很大影响。2016 年，加拿大湖首大学的科学家比较分析了林火和采伐两种干扰以及之后恢复的差异性，发现森林冠层覆盖、树高和森林底层的恢复程度取决于干扰类型和森林生物群落等。对大多数森林生态系统来说，恢复时间大概需要 5~10 年。相对而言，林火干扰后的森林覆盖度、高度和地表植被的恢复速度跟采伐的同等或者更快。

目前，森林恢复遥感监测的方法略有不同，常规的方法包括图像分类、光谱混合分析法（SMA）和植被指数分析方法。光谱混合分析法原理是利用不同端元的光谱特征，把每个端元所占的像元比例定量化，得到更加细致和准确的分类结果。但是，该方法会因地表的空间异质性，以及像元组成差异性而应用受到限制。植被指数是利用卫星影像各波段信息间进行组合计算得出的不同时空的定量指标值。目前，NDVI、EVI 等植被指数，以及叶面积指数、净初级生产力、植被覆盖度等指标都纳入森林恢复评价的应用中。加拿大自然资源部的科研人员就是利用 Landsat 遥感数据，生成了连续的地表反射率复合指数，识别了森林扰动的类型，从而对加拿大 6.5 亿公顷森林生态系统的植被恢复情况进行了全面的监测。研究发现，从 1985—2010 年，10.75%的加拿大森林生态系统净面积受到林火等干扰，年均扰动率约为 0.43%。林火影响的面积是采伐面积的 2.5 倍。林火每年平均扰动 160 公顷，年际变动性大。总的来说，受林火和采伐干扰影响的地区中有大约 1%的干扰面积并没有恢复。研究还发现植被恢复特别依赖于干扰前树种的组成和地下植被的组成，森林干扰和森林恢复会影响整个森林生态系统碳循环。

8.2.2.3 森林干扰和恢复的遥感时间序列分析方法

基于 Landsat 等多光谱数据的长时间序列分析方法非常丰富，针对森林干扰年份、类型和强度的分析方法主要有分类法和轨迹分析法。其中，基于光谱轨迹的方法是利用图像的光谱变量，监测两个时间段的突变来反映森林干扰特性。

Landsat 干扰和趋势监测（LandTrendr）方法可以说是基于 Landsat 的时间序列算法中最为经典的，最早应用于北美森林干扰监测。该方法将变化轨迹进行分解和分段，利用一系列直线分段可以获取光谱轨迹和分段特性。将分割点的位置、光谱值变化图或者趋势转化为所要获取的森林结构关键信息。在分割的过程中，把时间序列中的噪音进行简化和剔除，防止产生明显的错误监测。LandTrendr 算法的优势在于可以捕捉到急剧的干扰事件和持续缓慢的森林恢复，比简单多期遥感数据变化监测更加有优势。2015 年，加拿大不列颠哥伦比亚大学的科学家结合最佳可用像元，发展了 LandTrendr 的轨迹分割方法，增加了对变化趋势、分割和断点的刻画。然而，不足在于只有发生重大干扰事件时才能有效获取，而对一些微弱的干扰，在数据量不足情况下，无法表达真实的结果。然而，云干扰影响着遥感数据质量，从而造成时间序列趋势发生变化，影响最终分析结果。为此，建立了基于像元尺度所有清晰观测数据构建长时间的森林干扰连续监测算法，而不是仅仅依赖于无云的影像，该方法能够更好地刻画不同年份每个像元的时间轨迹。

植被变化追踪（Vegetation Change Tracker，VCT）算法是从整个土地覆盖和森林变化过程的光谱和时间特性出发，通过同时分析所有影像从而进行变化监测。2007 年，美国农业部林务局的科学家早期开展了基于时间连续的轨迹发生变化来识别森林干扰。该方法的优点在于可以同时监测不连续的突变和连续的森林恢复变化。2010 年，美国马里兰大学的科学家基于 Landsat 时间序列数据集，利用 VCT 算法重建森林干扰的过程，建立了观测森林干扰模式，并在美国许多区域取得了很好的效果。在北美森林动态研究中，VCT 算法用来识别森林变化并输出干扰时间图，还结合了野外调查数据和 1984—2005 年密集的 Landsat 时间序列影像，评估森林干扰模式和干扰率。

LandTrendr 算法和 VCT 算法在森林干扰和恢复监测方面各具优势，相比之下，VCT 用于森林干扰（如林火）及采伐方面更具有优势。近年来，深度学习方法快速发展并应用到森林监测中，如在 LandTrendr 和 VCT 等时间序列方法的基础上，结合卷积神经网络等深度学习方法，以及高分辨率遥感影像和多源数据，进一步提高遥感影像分类的准确性。

8.2.3 “基于长时间序列遥感影像的森林干扰、恢复及分类研究”发展趋势预测

依据前沿核心论文和施引论文的相关研究结果，对于长时间序列遥感影像的森林干扰、恢复及分类的影响研究，应从以下几方面重点开展。

第一，利用长时间序列对精细树种、结构和干扰的精准监测。下一步，应重点解析森林树种的精细识别解读等，以及对森林动态结构和森林恢复的程度、格局等；进一步研究火灾、人为砍伐、病虫害等干扰的变化过程和制图，以及之后的长期的生态恢复情况，并生产出森林恢复遥感指数和产品。特别是针对我国国产高分卫星和我国森林干扰

特点，建立或完善长时间序列的监测算法和应用平台。

第二，森林动态监测和气候变化研究。林火和森林恢复对森林碳库和气候变化研究有直接的影响，利用遥感数据研究全球森林的变化格局和差异性，进一步分析林火、病虫害、采伐对森林生态系统和森林碳循环的影响和影响机理，提高对气候变化的应对能力、森林管理和灾害预警能力。

第三，多源遥感数据的森林监测。在原有的基础光学遥感数据基础上，结合 LiDAR 数据、Sentinel-2 数据、高分数据和无人机数据，以及 Google Earth Engine 云平台的森林监测，将森林覆被变化、干扰和恢复向精细层面发展。

总之，结合多光谱数据与无人机、激光雷达数据，提高森林监测的精度，森林干扰过程和之后的森林恢复研究，林火干扰对气候变化的影响，以及建立适合中国森林的干扰遥感监测方法和平台，将会是今后研究重点之一。

8.2.4 “基于长时间序列遥感影像的森林干扰、恢复及分类研究”研究前沿 Top 产出国家与机构文献计量分析

从该前沿核心论文的 Top 产出国家来看（表 8-2），核心论文研究主要是以加拿大和德国合作为主。在此方面，加拿大无疑对该领域的科研贡献在不断增强。从核心论文产出机构来看，产出机构主要集中在 5 家机构。其中，加拿大自然资源部贡献了全部 5 篇核心论文，其中 4 篇核心论文是与不列颠哥伦比亚大学（加拿大）合作完成，其他合作机构有柏林洪堡大学（德国）、湖首大学（加拿大）和阿尔伯塔大学（加拿大）。上述统计结果表明，该前沿受关注的范围较为集中，加拿大及其研究机构在该前沿的基础研究中极具影响力和活跃度，具有显著的竞争优势。

表 8-2 “基于长时间序列遥感影像的森林干扰、恢复及分类研究”研究前沿核心论文的 Top 产出国家和机构

排名	国家	核心论文（篇）	比例（%）	排名	机构	核心论文（篇）	比例（%）
1	加拿大	5	100.00	1	加拿大自然资源部（加拿大）	5	100.00
2	德国	1	20.00	2	不列颠哥伦比亚大学（加拿大）	4	80.00
				3	柏林洪堡大学（德国）	1	20.00
				3	湖首大学（加拿大）	1	20.00
				3	阿尔伯塔大学（加拿大）	1	20.00

从后续引用该研究前沿核心论文的施引论文量来看（表8-3），加拿大贡献了125篇施引论文，占该前沿施引论文总量的37.20%，美国共有109篇，占前沿施引论文总量的32.44%，领先于其他国家。中国以54篇的优势占据第三位，德国、澳大利亚和西班牙则分别以12.20%、7.74%和6.55%比例的施引论文产出量位列第四至第六。在施引论文量排名前十的机构中，加拿大自然资源部以85篇的优势位居第一，占该前沿施引论文总量的25.30%。不列颠哥伦比亚大学（加拿大）和中国科学院分别以65篇和27篇的施引论文量位列第二和第三。美国农业部以7.14%的比例名列第四。以上表明，加拿大、美国、中国及其研究机构在该前沿领域的研究中具有较强的发展潜力和优势。我国在遥感长时间序列分析研究中发展迅速，特别是以中国科学院为核心的研究团队，以及中国国产系列卫星的发展，起到了很大的引领作用。在今后的发展中，我国还需继续强化该领域的应用发展能力，针对我国森林的特点，建立适合自己的森林干扰监测算法和应用平台，逐步提高自身在国际上的影响力与竞争力。

表8-3 “基于长时间序列遥感影像的森林干扰、恢复及分类研究”研究前沿核心论文的Top产出国家和机构

排名	国家	核心论文（篇）	比例（%）	排名	机构	核心论文（篇）	比例（%）
1	加拿大	125	37.20	1	加拿大自然资源部（加拿大）	85	25.30
2	美国	109	32.44	2	不列颠哥伦比亚大学（加拿大）	65	19.35
3	中国	54	16.07	3	中国科学院（中国）	27	8.04
4	德国	41	12.20	4	美国农业部（美国）	24	7.14
5	澳大利亚	26	7.74	5	美国内政部（美国）	16	4.76
6	西班牙	22	6.55	5	马里兰大学系统（美国）	16	4.76
7	英国	16	4.76	7	波士顿大学（美国）	15	4.46
8	荷兰	15	4.46	8	美国国家航空航天局（美国）	14	4.17
9	芬兰	14	4.17	9	亥姆霍兹联合会（德国）	13	3.87
10	奥地利	10	2.98	10	柏林洪堡大学（德国）	12	3.57
				10	俄勒冈州立大学（美国）	12	3.57
				10	皇家墨尔本理工大学（澳大利亚）	12	3.57

9 水产渔业学科领域

9.1 水产渔业学科领域研究热点前沿概览

水产渔业学科领域 Top4 研究热点前沿主要集中在海洋生态学及生态系统、海洋生物的免疫及适应性进化两个方向（表 9-1）。其中，“珊瑚礁生态系统的结构与功能研究”和“微塑料对海洋生物的生态毒理学效应”属于海洋生态学及生态系统方向；“饲料添加剂对水产养殖动物免疫和抗病性的影响”和“基于基因组学的软体动物适应性进化解析”属于海洋生物适应性进化研究方向。

从热点前沿施引论文发文量变化趋势看（图 9-1），和林业领域一样，渔业学科领域近期高关注的前瞻性研究不多，“饲料添加剂对水产养殖动物免疫和抗病性的影响”和“基于基因组学的软体动物适应性进化解析”一直都是多年来高度关注的热点前沿研究问题，“微塑料对海洋生物的生态毒理学效应”研究热点从受关注的时间上来看内容更具前瞻性。

表 9-1　水产渔业学科领域 Top4 研究热点及前沿

序　号	类　别	研究热点或前沿名称	核心论文（篇）	被引频次	核心论文平均出版年
1	重点热点	珊瑚礁生态系统的结构与功能研究	10	335	2018.8
2	热点	微塑料对海洋生物的生态毒理学效应	5	295	2018.8
3	热点	饲料添加剂对水产养殖动物免疫和抗病性的影响	17	898	2017.8
4	前沿	基于基因组学的软体动物适应性进化解析	6	457	2017.0

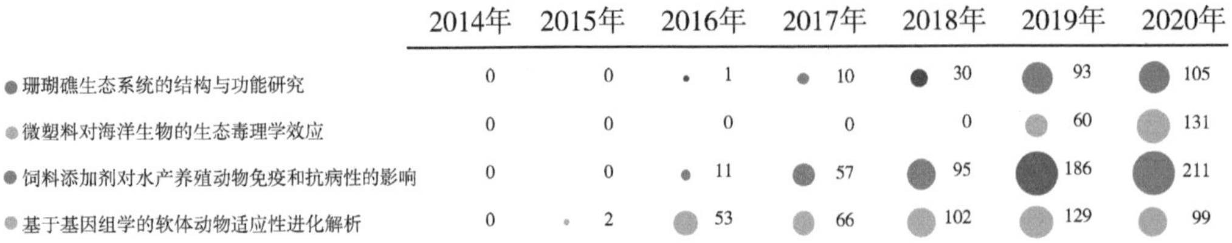

	2014年	2015年	2016年	2017年	2018年	2019年	2020年
珊瑚礁生态系统的结构与功能研究	0	0	1	10	30	93	105
微塑料对海洋生物的生态毒理学效应	0	0	0	0	0	60	131
饲料添加剂对水产养殖动物免疫和抗病性的影响	0	0	11	57	95	186	211
基于基因组学的软体动物适应性进化解析	0	2	53	66	102	129	99

图 9-1　水产渔业学科领域研究热点前沿施引论文量的增长态势

9.2　重点热点——“珊瑚礁生态系统的结构和功能研究”

9.2.1　“珊瑚礁生态系统的结构和功能研究”研究热点概述

珊瑚礁生态系统是全球初级生产力最高的生态系统之一，生物多样性极为丰富，不仅为多种海洋生物提供了适宜的栖息地，为人类提供食物和药物资源，还能保护沿海社区免受风暴或海啸引起的巨浪袭击，具有巨大的生态功能和生态价值。然而在过去几十年，由于全球气候变化、海洋污染、近岸不合理开发、珊瑚疾病等多重压力下，全球珊瑚礁整体呈加速退化的趋势。1998 年，由于全球气温升高，导致全球约 16%的珊瑚礁被破坏。2013 年世界珊瑚礁大会报告称亚洲珊瑚大三角地区 85%的珊瑚礁正在受到过度开发、海洋污染和过度捕捞等人类不合理活动的威胁。2017 年，受强厄尔尼诺、拉尼娜和海洋变暖的共同作用，发生了全球历史上持续时间最长、范围最广、破坏性最大的珊瑚白化事件。人类世（Anthropocene）背景下，珊瑚礁荒漠化现象日趋严重，迫切需要全球的共同关注与保护。关于珊瑚礁生态系统结构和功能的研究，不仅可以帮助我们了解珊瑚礁的快速变化的原因，还为珊瑚礁生态系统恢复和保护提供科学依据，对珊瑚礁生态系统的保护与可持续利用具有特别重要意义。因此，珊瑚礁生态系统的结构和功能研究迅速成为该领域的研究热点。

功能生态学、营养动力学、生物地理学的应用和发展，为珊瑚礁生态系统结构和功能方面研究提供了理论基础，基于恢复力的管理（Resilience－Based Management，RBM）框架的提出，以及珊瑚礁生态修复理论的完善及相关技术的发展也为该领域的研究提供了方法，推动了珊瑚礁生态系统结构和功能方面研究的深度和广度，并取得了一定的进展：①通过营养动力学方法及生物地理学等研究方法，深入研究关键功能群的生态属性，大大推动了珊瑚礁生态系统的能量流动和关键生态作用的研究；②采用了基于恢复力的管理策略，并包含现有管理方法和新兴技术，将社会生态服务融入现有的管理策略，以帮助珊瑚礁生态系统在不断变化条件下的恢复和保护；③利用功能生态学方法来理解、保护和管理珊瑚礁生态系统，提出了“功能”通用的实用定义性，以量化生态系统功能，将珊瑚礁功能生态学与生态系统服务提供联系起来，应用于预测珊瑚礁生态系统服务的未来变化。但是，该领域研究也存在诸多亟待解决的科学问题：①关键功能种类的生态功能及不同功能群之间相互作用对生态系统结构和功能具有怎样的影响？是否影响生态系统的稳定性和恢复力？②人类世背景下，基于恢复力的管理是否有效？何种管理策略更加有利于保护和恢复严重退化的珊瑚礁的生态系统？③在人类世背景下，多重压力对生态系统的协同作用是怎样的？对预测珊瑚礁生态系统的结构和功能的变化具有何种影响？针对这些问题的深入研究，将有助于全面认识珊瑚礁生态系统结构和功能的影响机制，有助于实现珊瑚礁生态系统的恢复和保护，为珊瑚礁资源的充分利用和可持续发展提供理论和经验。

9.2.2 “珊瑚礁生态系统的结构和功能研究”发展态势及重大进展分析

本热点的核心论文共检索到 10 篇，施引论文 249 篇，主要研究了珊瑚礁生态系统结构和功能、恢复力与保护，以及气候变化对其重要影响。具体集中在以下几个方面：①研究了珊瑚礁生态系统的功能属性及其重要组成结构的生态作用，涉及核心论文 5 篇；②探讨了人类世背景下，珊瑚礁生态系统的恢复力和保护策略，涉及核心论文 2 篇；③探讨了气候变化对于珊瑚礁生态系统的影响，涉及核心论文 3 篇。

9.2.2.1 珊瑚礁生态系统的结构和功能

珊瑚礁生态系统是由珊瑚、藻类、浮游生物、底栖生物、鱼类与微生物等多种生物部分和海洋环境等非生物部分组成，各成分之间通过物质循环、能量流动和信息交换等形成相互联系、相互依存的关系。对关键物种功能属性的研究有利于深入解析物种丰富的珊瑚礁生态系统的结构和功能。

珊瑚是生活在温带和热带海水中的古生代生物，是会分泌碳酸钙沉淀或骨针的腔肠动物。珊瑚虫属于腔肠动物的珊瑚虫纲，多数为聚集生长，会结合成形如树枝的群体。2009 年，詹姆斯库克大学的研究人员发现大多数珊瑚是易于传播的雌雄同体产卵者，会释放大批有活力并富含脂质的卵和精子。珊瑚按照形态功能可以划分为造礁珊瑚和非造礁珊瑚。其中，造礁珊瑚有单细胞的虫黄藻与之共生，钙化生长速度较快，它们可以分泌碳酸钙形成外骨骼，世代交替增长，是构成珊瑚礁生态系统的基础。2018 年，澳大利亚国立大学的科学家经过综合分析发现，占据热带珊瑚礁主要地位的大型藻类支持了热带珊瑚礁生态系统中很大一部分的初级生产和次级生产，为底栖生物、幼鱼及成鱼提供了关键栖息地，并且大型海藻在热带海洋生境中起到非常重要的联系作用，使得破碎的底栖生境相互关联，为维持热带海洋生物多样性以及关键的生态系统产品和服务起到至关重要的作用。浮游动物群落以终生浮游生物的种类和数量占多数，中小型浮游动物无论在种类还是丰度方面都占有非常重要的位置。2004 年，马里兰大学的研究人员认为浮游动物是珊瑚礁生物群落中珊瑚、鱼类等生物的重要食物和营养来源之一。2016 年，奥克兰大学的研究人员通过对食草性鱼类的营养动力学的综合分析，发现大多数鹦嘴鱼类（Parrotfish）可以摄食蓝藻细菌以及一些蛋白质丰富的自养微生物，这些微生物广泛分布在珊瑚礁钙质基质的内部和表面，或者附生于藻类和海藻中。这一研究结果改变了食草性鱼类主要摄食大型藻类的传统观点，解释了鹦嘴鱼可以摄食明显不同基质的现象，将鹦嘴鱼的营养利用与它们在珊瑚礁生物侵蚀和泥沙输移中的生态作用联系起来，对了解关键种群的生态功能和珊瑚礁生态系统动力学模型的构建具有重要意义。1999 年，康奈尔大学的研究人员将珊瑚资源的减少与退化在某种程度上归因于附生珊瑚的致病微生物的发生，这些微生物病原会导致珊瑚数量的减少、群落结构的改变以及生物多样性的衰退。2010 年，詹姆斯库克大学的科学家认为微生物过程是影响珊瑚礁生态系统恢复能力的众多因素的关键驱动因素，如会影响到珊瑚幼虫补充、殖民化和礁区物种多样性。2019 年，英国埃克塞特大学的科学家研究发现珊瑚礁的结构和功能的变化对调节碳酸盐骨骼的生物类群有重要影响，进而影响了珊瑚礁提供的许多地球生态功能，包括产生珊瑚礁骨架和沉积物，以及维持珊瑚礁栖息地的复杂性和珊瑚礁生长潜力。综上可知，珊瑚礁生态系统中关键类群的动态变化对生态结构和功能的改变具有重要影响，选择生态系统中的关键类群，将其生态特征与生态功能联系起来，为研究人类世背景下珊瑚礁生态系统结构和功能的变化提供了很好的思路。

高多样性系统固有的复杂性使其特别难以理解。最近引入的功能生态学方法，试图推断基于物种生态特征的生态系统功能，已经彻底改变了人类对这些高多样性系统的理解。2018 年，詹姆斯库克大学的研究人员提出了对“功能”一词的通用操作定义，其作用范围可以从细胞层次到全球尺度。在这一通用定义下，为人们利用功能性方法来理解、管理和保护珊瑚礁生态系统提供了路径。此外，2018 年，澳大利亚珊瑚礁研究中心的研究人员在功能生态学框架中使用化石记录和系统发育学揭示了食草鱼类群落在特征空间和功能谱系丰富性方面的时间变化。研究表明印度—太平洋现存的食草鱼类的特征空间与生态功能与大西洋食草鱼类存在明显差异，这些差异突出了历史过程在解释珊瑚礁上鱼类功能组成的全球差异方面的重要性。因此，功能生态学方法为研究珊瑚礁生态系统的恢复与保护提供了科学有效的研究方法，对珊瑚礁生态系统的结构和功能研究具有重要意义。

9.2.2.2 珊瑚礁生态系统恢复力与保护

珊瑚礁生态系统的结构复杂且脆弱，常常受到底拖网、炸鱼、采挖砗磲和珊瑚、围填海等人为因素的负面影响，一旦三维结构破坏则需要很长一段时间才能恢复。珊瑚生长缓慢，大多数珊瑚从幼体到成体需要5年时间，如果两次严重的胁迫间隔时间低于5年，将导致该区域珊瑚礁生态系统难以自然恢复。此外，全球变暖和海洋酸化已严重影响珊瑚礁生态系统的健康，导致珊瑚礁白化现象日趋严重。随着珊瑚礁生态系统的不断退化，各国政府、科学家和社会公益团体等都逐渐加大了对珊瑚礁生态系统的保护、修复和可持续利用的关注力度。

应对珊瑚礁生态系统受损等问题，2010年，埃克塞特大学的珊瑚礁科学家提出将海洋保护区（MPA）和限制鱼类捕捞作为管理珊瑚礁的有效措施，实现减少或消除其他当地人为干扰并增加或维持生物多样性的目标。2017年，约克大学的科学家研究发现MPA和局部应激源强度的总体衰减间接地赋予珊瑚礁生态系统特别是珊瑚种群的恢复力，即认为控制局部压力源将有效提高珊瑚对风暴、疾病暴发及海洋变暖等引起的白化等干扰的抵抗力，并得到一定程度的修复。2008年，埃克塞特大学的科学家研究证明，通过草食性鱼类的放流来调节珊瑚礁的生态系统，能够达到降低环境内大型海藻的竞争，这个新的发现意味着地方政府可以通过采取的单一管理措施来应对本地和全球对珊瑚礁生态系统的威胁，这种通过鱼类来调节管理珊瑚礁生态系统的方法广泛使用。

恢复力（Resilience）是生态系统和社会系统可持续性的基础。生态系统恢复力是指生态系统在受到外界干扰，偏离平衡状态后所表现出的自我维持，自我调节及抵抗外界各种压力和扰动的能力。近年来，恢复力的定义从强调生态系统结构和功能的持续性发展演化为强调社会—生态系统的耦合以面对全球变化时的适应和转变能力。在全球变化迅速的时代，恢复力已被提议作为珊瑚礁管理的指导框架。但在最近的大规模白化事件之后，珊瑚礁大量消失，挑战了支持系统恢复力是可行的珊瑚礁管理策略的观念。2019年，美国大自然保护协会的研究人员通过综合分析，认为虽然基于恢复力的管理不能防止重大干扰（如大规模白化事件）的破坏性影响，但它可以支持提高抗性和恢复的自然过程，并认为要使基于恢复力的管理在不断变化的世界中发挥作用，珊瑚礁管理策略需要包括现有的和新的干预措施，共同减少压力，支持种群和物种的适应性，并帮助人类和经济适应高度变化的生态系统。此外，还提出了基于恢复力管理的10条建议：①保护物种、栖息地和功能群的多样性，维持功能群内在响应的多样性和冗余性；②降低外界压力（如污染、泥沙淤积、物理影响）；③设立海洋保护区，以支持珊瑚礁的恢复力（如不易受气候影响的地区）；④维持连接路径；⑤考虑不确定性和变化的适应性管理；⑥优先发展环境风险低、社会适应能力强的地区；⑦在保护规划和监测中纳入社会和生态指标，以评估早期预警、恢复模式和结构转变；⑧投资于实验方法以支持恢复力（如通过辅助进化提高珊瑚礁生物的自然适应能力）；⑨实施建立社会和生态适应能力的战略（如扩大利益相关者参与）；⑩实施促进适应和转型的战略（如通过推动多中心治理体系、在受保护地点周围辟设缓冲区）。对上述管理建议进行成本效益分析，可以帮助珊瑚礁管理者和决策者对给定的珊瑚礁区域内需要考虑的管理干预措施进行优先排序。但是，2019年，北卡罗来纳大学的科学家研究发现由于海洋变暖带来的压力远远大于当地压力因素（如环境污染和捕捞），以及管理弹性假说所假设的5个层级联接的复杂性，导致基于减轻地方性压力的海洋保护区和限制渔业的方法失效，并强调如果局部措施无法拯救珊瑚礁，我们更应该直面气候变化对珊瑚礁生态系统带来的挑战。因此，人类世背景下，基于何种管理策略以恢复和保护珊瑚礁生态系统还需要深入研究。

9.2.2.3 气候变化对珊瑚礁生态系统的影响

近年来，气候变化已经严重影响了珊瑚礁生态系统的健康，导致珊瑚礁白化现象日趋严重，珊瑚礁全球性衰退损失近40%~50%，并且白化现象反复发生的时间间隔很短，珊瑚礁无法得到完全恢复，过去每27年会发生一次大规模的珊瑚白化事件，目前的周期约是每6年一次。2015—2016年，破纪录的温度导致了史无前例的泛热带珊瑚白化。在大堡礁，这种影响在偏远的北部地区最为明显，那里超过90%的珊瑚礁出现白化现象。气候变化对珊瑚礁的主要影响是由于温室气体大量被海水吸收，从而引发珊瑚礁附近海域水温急剧上升，加之大堡礁正处于西太平洋暖池周围，在暖池的作用下，越来越多的高温度海水融入大堡礁附近的珊瑚礁群之中。随着海水温度的升高，使得珊瑚长期暴露在比其生长极限还高2~3℃的水域中，其体内的虫黄藻就会释放出大量的氧气，从而对珊瑚产生毒害效应。如此，珊瑚不得不将虫黄藻从其体内排出，逐渐出现大面积白化现象。当水温恢复正常，且水质保持良好，白化的珊瑚会慢慢恢复，不过随着白化速度的加快，珊瑚恢复率逐渐降低，这对包括珊瑚礁鱼类在内的珊瑚礁生物具有很大干扰。2019年，詹姆斯库克大学的研究人员，使用133个1米^{2}的样方在澳大利亚的蜥蜴岛海域开展了实验，量化了珊瑚礁群落和空间相关珊瑚礁鱼群的短期变化，以响应大规模白化事件。研究发现该海域活珊瑚的覆盖率显著下降，鱼类资源也随之下降，但是下降程度相对较小，且存在强烈的空间不匹配性，即活珊瑚礁损失最严重的地方，鱼类损失并不是最严重的，甚至有几个位置中鱼类丰度反而增加，这说明鱼类通过短距离迁徙和栖息地可塑性对气候变化的短期恢复潜力。这一结果也挑战了一般认为珊瑚礁白化导致渔业资源衰退的假设。与之类似，2019年，兰卡斯特大学的研究人员，通过对塞舌尔过去20年的鱼类数量、捕捞量和栖息地数据的分析，评估气候驱动的珊瑚大规模死亡和生态系统结构变化（Regime Shift）对塞舌尔近海珊瑚礁人工渔业的长期影响。与预期相反，总渔获量和平均渔获量在珊瑚白化后保持或增加，这主要是由于食草性目标鱼类的生物量的增加，特别是在大型藻类占主导地位的珊瑚礁上。值得注意的是，渔获量的不稳定性增加，且目标物种的分布在空间上变得更加可变，这潜在地影响了渔民收入和当地市场供应链。

珊瑚礁白化也会影响其体内的微生物作用，在微生物组成上健康和白化珊瑚的主导微生物都由聚球菌占主导，这与蓝细菌的强竞争性和适应性有关。但剩余的50%物种中存在明显差异，且白化降低了珊瑚共生菌的多样性。功能属性上，白化改变了珊瑚共生菌对C、N、P源的代谢能力，弱化了对有机磷的消耗能力。共生菌代谢功能的改变，一方面是应对白化的一种适应，另一方面也是引起珊瑚健康状态发生改变的一大诱因。然而，考虑到白化成因的非单一性和复杂性，微生物和珊瑚之间的关系可能比以往想象的更为复杂。

此外，气候变化对珊瑚礁提供的生态系统服务意味着什么？2019年，澳大利亚国立大学的科学家预测了气候变化条件大型海藻的影响，发现对于构建复杂藻礁结构的关键大型海藻种类（Sargassum），对未来的气候变化非常敏感。海水温度的升高可能会抑制其生产能力并且导致海藻树冠层形成的物候改变，从而影响大型海藻对热带海洋生态系统的支持能力。2018年，兰开斯特大学的科学家认为关于珊瑚礁生态系统服务研究已经落后于更广泛的生态系统服务科学的多学科进展，提出可以利用功能生态学工具，有助于理解如何将社会—生态关系纳入对生态系统服务的提供，以及预测珊瑚礁生态系统服务的未来变化。在人类世背景下，珊瑚礁生态系统的未来充满了不确定性，研究珊瑚礁对人类提供的产品与服务的变化机制对于实现社会生态关系的可持续发展是非常重要的。

9.2.3 "珊瑚礁生态系统的结构和功能研究"发展趋势预测

依据本热点核心论文和施引论文的相关研究结果，未来珊瑚礁生态系统结构与功能的研究，应从以下几方面重点开展。

第一，珊瑚礁生态系统中不同功能组分的生态地位及其级联效应。珊瑚礁生态系统中物种多样性复杂，这些组分具有的功能属性支撑着珊瑚礁为社会提供的许多生态系统产品和服务。了解人类世背景下，关键种群的丰度变化规律、不同组分间的互作机制及其维持珊瑚礁生态系统的生物多样性和稳定性的作用，对珊瑚礁的恢复与保护具有指导意义。

第二，大型海藻的生态功能及其与珊瑚的竞争机制。人类世背景下，很多珊瑚礁生态系统已经发生退化，进而大型藻类占据主要生态地位，导致系统发生结构性转变（Regime Shift），结合生理学、分子生物学技术和生态学研究手段，在细胞与分子水平上探索大型海藻对珊瑚的影响机制，以期为珊瑚礁生态系统的保护提供参考。

第三，珊瑚礁微生物组成对珊瑚礁白化的响应机制。珊瑚白化将引起体内微生物组成的变化，未来的研究需进一步结合组学技术和稳定同位素标记技术，深入探讨“环境—宿主—微生物”三者之间的交互关系，深化对珊瑚白化的成因和微生态学机制的把握。

第四，气候变化背景下珊瑚礁生态系统的管理策略。对于基于恢复力的管理策略是否是保护珊瑚礁的可行策略？人们越来越意识到珊瑚礁正处于一个转折点，迫切需要采取干预和前沿性策略（如珊瑚移植、辅助进化、基因编辑）。要实现这一转变，就需要扩大珊瑚礁管理工具箱，并确定支持和增强恢复力的新方法。

第五，珊瑚礁生态系统服务及其价值评估。开展珊瑚礁生态系统服务价值评估工作可以为政府提供提高珊瑚礁保护和管理的依据，对于维持珊瑚礁生态系统服务以达到保护人类的生存环境，保护全球生命支持系统，保持一个可持续的生物圈具有重要意义。

9.2.4 “珊瑚礁生态系统的结构和功能研究”研究热点 Top 产出国家与机构文献计量分析

从该研究热点核心论文的 Top 产出国家来看（表 9-2），澳大利亚共有 7 篇，占据核心论文总量的 70%，远高于其他国家。其次是英国，核心论文量为 5 篇，占总量的 50%。加拿大、瑞典和美国分别贡献了 3 篇核心论文，各占总量的 30%。从核心论文产出机构来看，排名前十的机构列表中共包含了 39 家机构。其中，詹姆斯库克大学（澳大利亚）和兰开斯特大学（英国）分别产出 5 篇（占比 50%）和 4 篇（占比 40%）核心论文，分列第一位和第二位。澳大利亚有 11 家机构入围前十位，美国有 10 家机构入围前十位。上述统计结果表明该热点受关注的范围较广，澳大利亚及其研究机构在该热点的基础研究中极具影响力和活跃度，具有显著的竞争优势。中国在此研究热点中无核心论文产出，说明我国在此方面的基础研究能力较差，在今后的发展中还需继续强化该领域的基础研究，提高自身在国际上的影响力与竞争力。

表 9-2 “珊瑚礁生态系统的结构和功能研究”研究热点核心论文的 Top 产出国家和机构

排　名	国　家	核心论文（篇）	比　例（%）	排　名	机　构	核心论文（篇）	比　例（%）
1	澳大利亚	7	70.00	1	詹姆斯库克大学（澳大利亚）	5	50.00
2	英国	5	50.00	2	兰开斯特大学（英国）	4	40.00

（续表）

排　名	国　家	核心论文（篇）	比　例（%）	排　名	机　构	核心论文（篇）	比　例（%）
3	加拿大	3	30.00	3	斯德哥尔摩大学（瑞典）	3	30.00
3	瑞典	3	30.00	4	澳大利亚海洋科学研究所（澳大利亚）	2	20.00
3	美国	3	30.00	4	法国研究与发展研究所（法国）	2	20.00
4	法国	2	20.00	4	西蒙弗雷泽大学（加拿大）	2	20.00
5	丹麦	1	10.00	4	西澳大学（澳大利亚）	2	20.00
5	斐济	1	10.00	5	澳大利亚国立大学（澳大利亚）	1	10.00
5	肯尼亚	1	10.00	5	威尔士班戈大学（英国）	1	10.00
5	墨西哥	1	10.00	5	澳大利亚联邦科学与工业研究组织（澳大利亚）	1	10.00
5	新西兰	1	10.00	5	东非印度洋沿岸海洋研究与开发组织（肯尼亚）	1	10.00
5	菲律宾	1	10.00	5	达尔豪斯大学（加拿大）	1	10.00
5	塞舌尔	1	10.00	5	迪肯大学（澳大利亚）	1	10.00
5	泰国	1	10.00	5	西澳大利亚政府（澳大利亚）	1	10.00
				5	大堡礁海洋公园管理局（澳大利亚）	1	10.00
				5	哥本哈根国际海上探险理事会（丹麦）	1	10.00
				5	法国贸易投资与经济规划局（法国）	1	10.00
				5	美国国家海洋大气管理局（美国）	1	10.00
				5	大自然保护协会（美国）	1	10.00
				5	俄勒冈州立大学（美国）	1	10.00
				5	澳大利亚珊瑚礁生态实验室（澳大利亚）	1	10.00
				5	REEFSENSE（澳大利亚）	1	10.00

（续表）

排名	国家	核心论文（篇）	比例（%）	排名	机构	核心论文（篇）	比例（%）
				5	塞舌尔渔业局（澳大利亚）	1	10.00
				5	西里曼大学（菲律宾）	1	10.00
				5	索邦大学（法国）	1	10.00
				5	瑞典农业科学大学（瑞典）	1	10.00
				5	SymbioSeas 海洋应用研究中心（美国）	1	10.00
				5	联合国环境规划署（肯尼亚）	1	10.00
				5	美国内政部（美国）	1	10.00
				5	美国地质调查局（美国）	1	10.00
				5	墨西哥国立自治大学（墨西哥）	1	10.00
				5	多米提亚佩皮尼昂大学（法国）	1	10.00
				5	奥克兰大学（新西兰）	1	10.00
				5	加利福尼亚大学系统（美国）	1	10.00
				5	科罗拉多大学系统（美国）	1	10.00
				5	埃克塞特大学（英国）	1	10.00
				5	北卡罗来纳大学（美国）	1	10.00
				5	昆士兰大学（澳大利亚）	1	10.00
				5	美国野生动物保护协会（美国）	1	10.00

从后续引用该研究热点核心论文的施引论文量来看（表9-3），澳大利亚共有128篇，占该热点施引论文总量的51.41%，遥遥领先于其他国家。美国以100篇的优势占据第二位，占该热点施引论文总量的40.16%，英国、法国、加拿大则分别以18.07%、10.84%和10.04%比例的施引论文产出量位列第三至第五。在施引论文量排名前十的机构中，澳

大利亚的詹姆斯库克大学以 80 篇的优势位居第一，占该热点施引论文总量的 32.13%。美国的加利福尼亚大学、澳大利亚的西奥大学和昆士兰大学分别以 32 篇、25 篇和 24 篇的施引论文量位列第二至第四。以上表明，澳大利亚和美国及其研究机构在该热点领域的研究中具有较强的发展潜力和优势，中国及其研究机构仍需加强在该热点领域研究的活跃度。

表 9-3　“珊瑚礁生态系统的结构和功能研究”研究热点施引论文的 Top 产出国家和机构

排名	国家	施引论文（篇）	比例（%）	排名	机构	施引论文（篇）	比例（%）
1	澳大利亚	128	51.41	1	詹姆斯库克大学（澳大利亚）	80	32.13
2	美国	100	40.16	2	加利福尼亚大学（美国）	32	12.85
3	英国	45	18.07	3	西澳大学（澳大利亚）	25	10.04
4	法国	27	10.84	4	昆士兰大学（澳大利亚）	24	9.64
5	加拿大	25	10.04	5	兰开斯特大学（英国）	19	7.63
6	巴西	17	6.83	6	法国国家科学研究中心（法国）	18	7.23
7	德国	16	6.43	7	澳大利亚海洋科学研究所（澳大利亚）	16	6.43
8	墨西哥	10	4.02	8	澳大利亚联邦科学与工业研究组织（澳大利亚）	15	6.02
9	新西兰	8	3.21	8	夏威夷大学系统（美国）	15	6.02
10	西班牙	7	2.81	10	美国国家海洋大气管理局（美国）	14	5.62

10 农业研究热点前沿的国家表现

10.1 农业八大学科国家研究热点前沿表现力指数总体排名

从农业八大学科整体来度量分析全球国家研究热点前沿表现力指数得分和排名，观察发现如下态势特征。

10.1.1 中国和美国整体表现突出，以绝对优势稳居世界前两名

从农业八大学科整体层面看（图 10-1 和表 10-1），中国表现最突出，研究热点前沿表现力指数得分为 100.81 分，位居全球首位。美国得分 73.97 分，是排名第三的澳大利亚（25.09 分）分数的近 3 倍，位列第二。澳大利亚、加拿大、英国、意大利、德国得分比较接近，分别为 25.09 分、20.60 分、20.38 分、20.36 分、19.64 分，排名第三至第七，基本上处于同一个表现力梯队。

法国、西班牙、印度、巴西 4 个国家的农业研究热点前沿表现力指数得分约在 10.00~15.00 分不等，列位第八至第十一。荷兰、马来西亚、比利时等 9 国排名位列第十二至第二十，整体表现力得分比较接近，分布在 4.00~10.00 分，与排名第十一的巴西（11.44 分）差距不大。

国家研究热点前沿表现力指数由国家贡献度、国家影响度和国家引领度组成。结合表 10-1 可以看出综合排名前十的国家，其二级指标也均分布在前十位，只是国家引领度的位次略有不同；综合指标排名第十一至第二十的国家的研究热点前沿表现力指数与其

二级指标国家贡献度和国家影响度的排名也十分相似，而国家引领度的名次波动略大，表明这些国家以第一作者身份产出的国际合作论文量排名与其论文成果产出总量排名以及影响力排名存在一定的差异。

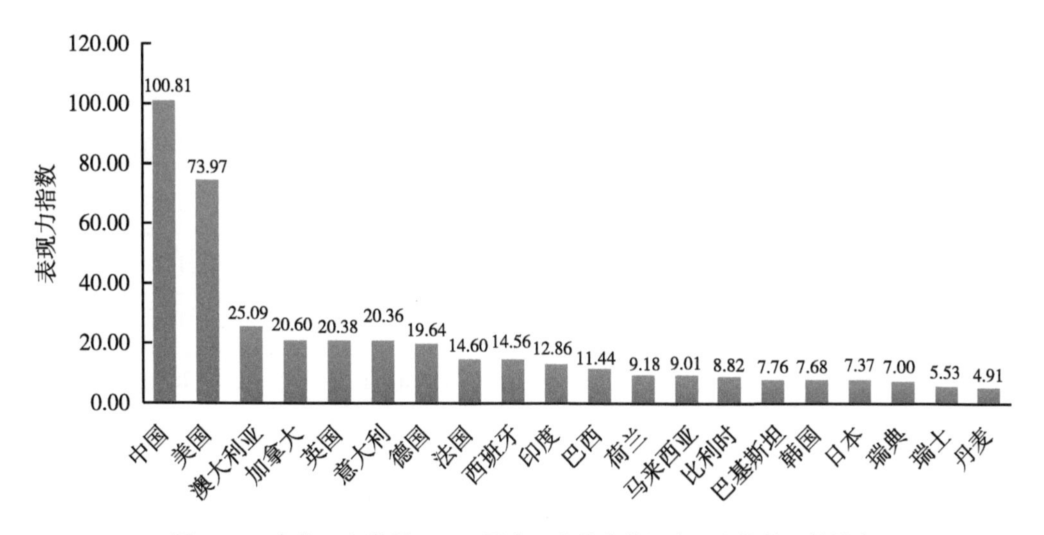

图 10-1　农业八大学科 Top20 国家研究热点前沿表现力指数总体排名

表 10-1　农业八大学科 Top20 国家研究热点前沿表现力指数总体得分与排名

国　家	国家研究热点前沿表现力指数（一级指标）		国家贡献度（二级指标）		国家影响度（二级指标）		国家引领度（二级指标）	
	得　分	排　名	得　分	排　名	得　分	排　名	得　分	排　名
中国	100.81	1	31.66	1	36.00	1	33.19	1
美国	73.97	2	23.51	2	32.61	2	17.92	2
澳大利亚	25.09	3	9.00	3	11.71	3	4.38	4
加拿大	20.60	4	6.88	6	9.09	7	4.63	3
英国	20.38	5	7.38	4	10.39	4	2.61	8
意大利	20.36	6	6.81	7	9.16	6	4.38	4
德国	19.64	7	6.91	5	9.85	5	2.92	7
法国	14.60	8	5.34	8	7.16	8	2.09	11
西班牙	14.56	9	5.03	9	7.09	9	2.44	10
印度	12.86	10	4.19	10	5.29	10	3.37	6

（续表）

国 家	国家研究热点前沿表现力指数（一级指标）		国家贡献度（二级指标）		国家影响度（二级指标）		国家引领度（二级指标）	
	得 分	排 名	得 分	排 名	得 分	排 名	得 分	排 名
巴西	11.44	11	4.18	11	4.67	12	2.54	9
荷兰	9.18	12	3.13	13	4.68	11	1.36	15
马来西亚	9.01	13	3.11	14	3.88	15	1.97	12
比利时	8.82	14	3.01	15	4.20	14	1.59	13
巴基斯坦	7.76	15	2.92	16	3.35	18	1.44	14
韩国	7.68	16	3.34	12	4.33	13	0.00	72
日本	7.37	17	2.64	17	3.47	17	1.22	16
瑞典	7.00	18	2.54	18	3.85	16	0.52	26
瑞士	5.53	19	1.91	19	2.97	19	0.58	25
丹麦	4.91	20	1.81	20	2.31	23	0.74	20

10.1.2 中国表现最活跃的学科数量居首，美国在全部学科领域的表现力持续位居前两位

从农业八大学科领域各国的总体表现力分布来看，中国和美国两国包揽了所有学科热点前沿表现力得分的前两名，中国有5个热点前沿排名第一，美国有3个热点前沿排名第一（表10-2）。作物、畜牧兽医、农业资源与环境、农产品质量与加工和农业信息与农业工程学科领域中，中国的热点前沿总体表现最突出，均排名第一，且在农业资源与环境和农业信息与农业工程2个学科的热点前沿活跃度持续引领全球，美国在这5个学科中的热点前沿整体表现力均排名第二；植物保护、水产渔业和林业3个学科领域中，美国的热点前沿总体表现力均排名第一，中国分别排名第二、第三和第四，尽管中国在这3个学科领域热点前沿的整体活跃度均较去年有所提升，但依然存在短板。英国在所有学科领域热点前沿表现力均排名前十，相对于其他国家，学科表现较均衡。主要分析十国在八大学科领域各热点前沿中的表现力指数各级指标得分及排名详见附录Ⅱ。

表 10-2 农业八大学科 Top20 国家研究热点前沿表现力指数总体及分学科层面的得分与排名

国家	八大学科		作物		植物保护		畜牧兽医		农业资源与环境		农产品质量与加工		农业信息与农业工程		林业		水产渔业	
	得分	排名	得分	排名	得分	排名	得分	排名	得分	排名	得分	排名	得分	排名	得分	排名	得分	排名
中国	100.81	1	21.11	1	9.03	2	15.95	1	22.60	1	12.82	1	13.54	1	1.03	4	4.73	3
美国	73.97	2	10.08	2	13.38	1	14.31	2	7.93	2	4.91	2	8.31	2	9.08	1	5.97	1
澳大利亚	25.09	3	0.69	10	2.37	11	1.42	7	6.93	3	0.60	15	5.41	5	4.12	3	3.55	4
加拿大	20.60	4	0.37	15	2.77	9	1.35	8	3.02	6	4.18	3	2.95	7	4.53	2	1.43	9
英国	20.38	5	1.03	6	3.09	8	3.73	3	3.24	5	1.37	9	4.76	6	0.91	6	2.25	5
意大利	20.36	6	0.28	16	6.98	3	1.24	11	2.70	8	1.53	8	1.85	16	0.24	14	5.54	2
德国	19.64	7	2.22	4	3.98	7	1.34	9	6.71	4	0.45	18	2.01	14	1.02	5	1.91	6
法国	14.60	8	0.95	8	6.36	4	0.77	15	1.42	17	0.39	20	2.92	9	0.26	12	1.53	7
西班牙	14.56	9	0.18	19	4.16	6	0.75	17	2.94	7	2.05	5	2.49	11	0.72	7	1.27	10
印度	12.86	10	0.81	9	0.86	26	1.85	5	0.48	31	1.58	7	6.58	4	0.09	25	0.61	15
巴西	11.44	11	0.27	17	4.30	5	0.76	16	1.54	16	2.65	4	1.25	22	0.25	13	0.42	22
荷兰	9.18	12	0.10	24	2.26	12	0.99	12	2.44	11	0.18	30	2.77	10	0.20	16	0.24	27
马来西亚	9.01	13	0.07	29	0.02	69	0.09	42	0.12	47	1.13	10	7.49	3	0.06	27	0.03	45
比利时	8.82	14	0.45	11	1.13	20	2.27	4	2.60	10	0.72	13	1.48	18	0.06	27	0.11	36
巴基斯坦	7.76	15	3.61	3	1.84	14	0.10	38	1.65	15	0.25	23	0.29	41	0.00	60	0.02	54
韩国	7.68	16	1.87	5	0.38	39	1.25	10	1.78	14	1.10	11	1.14	23	0.02	39	0.14	33
日本	7.37	17	1.00	7	0.93	24	0.96	13	1.05	22	0.36	21	1.48	18	0.14	20	1.45	8
瑞典	7.00	18	0.11	22	1.11	21	1.51	6	2.31	12	0.47	17	0.68	31	0.18	17	0.63	14
瑞士	5.53	19	0.11	22	2.19	13	0.92	14	1.25	20	0.07	45	0.82	26	0.10	24	0.07	39
丹麦	4.91	20	0.44	12	0.11	50	0.54	19	2.64	9	0.14	33	0.59	32	0.09	25	0.36	25

进一步统计分析主要分析十国在农业八大学科领域50个研究热点前沿中的表现发现，中国研究热点前沿表现力指数排名第一的热点前沿有22个，占全部热点前沿的44.00%，美国排名第一的热点前沿有14个，占28.00%。澳大利亚和加拿大各有3个热点前沿排名第一，意大利和印度分别有2个和1个热点前沿排名第一，法国、日本、英国和德国没有排名第一的热点前沿（表10-3）。

统计主要分析十国在农业八大学科排名第一的热点前沿表现情况（表10-3），主要分析十国包揽了45个热点前沿第一名，占比90%。中国在作物、农产品质量与加工、农业资源与环境和畜牧兽医4个学科领域表现较活跃，分别有4个、4个、5个和4个热点前沿排名第一，占比均在一半以上，分别为66.67%、66.67%、62.50%和57.14%。植物保护、水产渔业和农业信息与农业工程3个学科领域，中国分别有2个、1个和2个热点前沿排名第一；林业学科领域中国没有排名第一的研究热点前沿。相比中国，美国在林业和农业信息与农业工程这两个学科领域优势明显，排名第一的热点前沿数均超过中国，且占比均超过30.00%；植物保护和水产渔业学科领域与中国表现相当，分别有2个和1个热点前沿排名第一；畜牧兽医学科领域较中国表现稍有逊色，有3个热点前沿排名第一；在作物、农产品质量与加工和农业资源与环境这3个中国表现较活跃的学科领域，美国均仅有一个热点前沿排名第一。除中国和美国外，主要分析十国中，澳大利亚、加拿大、意大利和印度均在1~3个学科领域有热点前沿排名第一，共计9个热点前沿，它们主要分布在植物保护、农业资源与环境、农产品质量与加工、农业信息与农业工程、林业、水产渔业6个学科领域，其中，植物保护学科领域中，澳大利亚、加拿大、意大利均有排名第一的热点前沿。此外，非主要分析十国中，马来西亚、巴基斯坦、丹麦和芬兰4个国家包揽了5个全球表现力排名第一的热点前沿，也显示了不凡的活跃度。

统计主要分析十国在农业八大学科领域排名前三的热点前沿表现情况（表10-4），中国和美国表现相当，全球表现力较好的前沿数量居主要分析十国前两位，分别有32个（64.00%）和31个（62.00%）热点前沿排名前三。澳大利亚以11个全球排名前三的热点前沿的表现成绩，排在第三位。英国、德国、意大利、加拿大、法国、日本和印度这些国家表现旗鼓相当，排名前三的热点前沿数介于4~8个。此外，非主要分析十国中的巴西和马来西亚表现也较出色，均有4个热点前沿排名前三。

分领域比较中国和美国排名前三的热点前沿数量分布情况（表10-4，图10-2），美国在所有学科领域排名前三的热点前沿占比均介于30%~100%，总体来看，各学科领域表现较均衡。相对来说，中国在作物、农业资源与环境、农产品质量与加工、农业信息与农业工程、畜牧兽医和水产渔业6个学科领域中排名前三的热点前沿数量占比均介于50%~100%，活跃度较高，且较2020年相比占比有明显提升，但中国在植物保护和林业

表 10-3 主要分析十国在农业八大学科 50 个研究热点前沿中的国家研究热点前沿表现力指数得分排名第一的热点前沿数量及占比

学科领域	研究热点前沿总数（个）	项目	中国	美国	澳大利亚	加拿大	意大利	印度	法国	日本	英国	德国
八大学科领域	50	排名第一的热点前沿数（个）	22	14	3	3	2	1	0	0	0	0
		排名第一的热点前沿占比（%）	44.00	28.00	6.00	6.00	4.00	2.00	0.00	0.00	0.00	0.00
作物	6	排名第一的热点前沿数（个）	4	1	0	0	0	0	0	0	0	0
		排名第一的热点前沿占比（%）	66.67	16.67	0.00	0.00	0.00	0.00	0.00	0.00	0.00	0.00
植物保护	7	排名第一的热点前沿数（个）	2	2	1	1	1	0	0	0	0	0
		排名第一的热点前沿占比（%）	28.57	28.57	14.29	14.29	14.29	0.00	0.00	0.00	0.00	0.00
畜牧兽医	7	排名第一的热点前沿数（个）	4	3	0	0	0	0	0	0	0	0
		排名第一的热点前沿占比（%）	57.14	42.86	0.00	0.00	0.00	0.00	0.00	0.00	0.00	0.00

（续表）

学科领域	研究热点前沿总数（个）	项 目	中 国	美 国	澳大利亚	加拿大	意大利	印 度	法 国	日 本	英 国	德 国
农业资源与环境	8	排名第一的热点前沿数（个）	5	1	1	0	0	0	0	0	0	0
		排名第一的热点前沿占比（%）	62.50	12.50	12.50	0.00	0.00	0.00	0.00	0.00	0.00	0.00
农产品质量与加工	6	排名第一的热点前沿数（个）	4	1	0	1	0	0	0	0	0	0
		排名第一的热点前沿占比（%）	66.67	16.67	0.00	16.67	0.00	0.00	0.00	0.00	0.00	0.00
农业信息与农业工程	9	排名第一的热点前沿数（个）	2	3	0	0	0	1	0	0	0	0
		排名第一的热点前沿占比（%）	22.22	33.33	0.00	0.00	0.00	11.11	0.00	0.00	0.00	0.00
林业	3	排名第一的热点前沿数（个）	0	2	0	1	0	0	0	0	0	0
		排名第一的热点前沿占比（%）	0.00	66.67	0.00	33.33	0.00	0.00	0.00	0.00	0.00	0.00
水产渔业	4	排名第一的热点前沿数（个）	1	1	1	0	1	0	0	0	0	0
		排名第一的热点前沿占比（%）	25.00	25.00	25.00	0.00	25.00	0.00	0.00	0.00	0.00	0.00

表 10-4 主要分析十国在农业八大学科 50 个研究热点前沿中的国家研究热点前沿表现力指数得分排名前三的热点前沿数量及占比

学科领域	研究热点前沿数（个）	项 目	中 国	美 国	澳大利亚	英 国	德 国	意大利	加拿大	法 国	日 本	印 度
八大学科领域	50	排名前三的热点前沿数（个）	32	31	11	8	7	6	6	4	4	4
		排名前三的热点前沿占比（%）	64.00	62.00	22.00	16.00	14.00	12.00	12.00	8.00	8.00	8.00
作物	6	排名前三的热点前沿数（个）	6	5	0	1	1	0	0	0	2	0
		排名前三的热点前沿占比（%）	100.00	83.33	0.00	16.67	16.67	0.00	0.00	0.00	33.33	0.00
植物保护	7	排名前三的热点前沿数（个）	2	6	1	1	1	2	1	3	0	0
		排名前三的热点前沿占比（%）	28.57	85.71	14.29	14.29	14.29	28.57	14.29	42.86	0.00	0.00
畜牧兽医	7	排名前三的热点前沿数（个）	5	6	1	2	0	1	1	0	0	1
		排名前三的热点前沿占比（%）	71.43	85.71	14.29	28.57	0.00	14.29	14.29	0.00	0.00	14.29

（续表）

学科领域	研究热点前沿数（个）	项目	中国	美国	澳大利亚	英国	德国	意大利	加拿大	法国	日本	印度
农业资源与环境	8	排名前三的热点前沿数（个）	7	3	4	0	2	1	1	0	0	1
		排名前三的热点前沿占比（%）	87. 50	37. 50	50. 00	0. 00	25. 00	12. 50	12. 50	0. 00	0. 00	12. 50
农产品质量与加工	6	排名前三的热点前沿数（个）	5	3	0	1	0	0	1	0	0	1
		排名前三的热点前沿占比（%）	83. 33	50. 00	0. 00	16. 67	0. 00	0. 00	16. 67	0. 00	0. 00	16. 67
农业信息与农业工程	9	排名前三的热点前沿数（个）	5	3	2	2	1	0	1	1	1	1
		排名前三的热点前沿占比（%）	55. 56	33. 33	22. 22	22. 22	11. 11	0. 00	11. 11	11. 11	11. 11	11. 11
林业	3	排名前三的热点前沿数（个）	0	3	2	0	1	0	1	0	0	0
		排名前三的热点前沿占比（%）	0. 00	100. 00	66. 67	0. 00	33. 33	0. 00	33. 33	0. 00	0. 00	0. 00
水产渔业	4	排名前三的热点前沿数（个）	2	2	1	1	1	2	0	0	1	0
		排名前三的热点前沿占比（%）	50. 00	50. 00	25. 00	25. 00	25. 00	50. 00	0. 00	0. 00	25. 00	0. 00

2个领域分别有2个和0个排名前三的研究热点前沿，占比相对较低，与发达国家相比仍存在一定差距，总体来看，学科热点前沿发展的均衡性依然有待进一步提升。

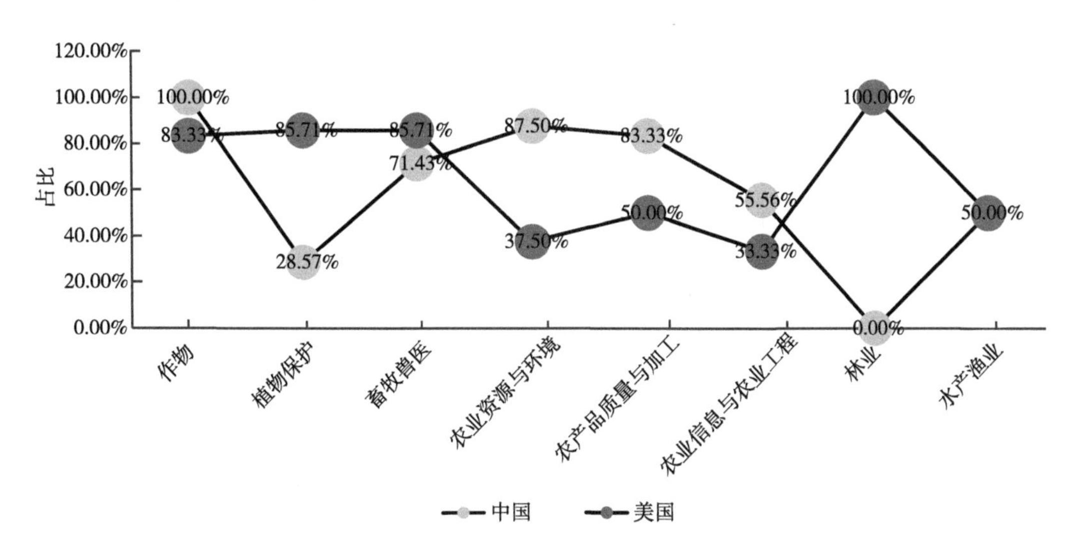

图10-2　中国和美国各学科热点前沿表现力指数排名前三的热点前沿占比的学科分布比较

10.2　国家农业研究热点前沿表现力指数分学科领域分析

10.2.1　作物学科领域：中国和美国表现力俱佳，优势显著

在作物学科领域的Top6热点前沿中（表10-5），中国的研究热点前沿表现力指数得分为21.11分，排名第一，表现最活跃。美国得分为10.08分，排名第二，中美两国分别包揽了热点前沿表现力各级指标的第一名和第二名，在作物学科的热点前沿研究方向整体表现力远超其他国家。德国、英国和日本的国家研究热点前沿表现力指数得分分别为2.22分、1.03分和1.00分，分列第四、第六和第七，与排在前两名的美国和中国相比差距显著（详见附录Ⅱ附表Ⅱ-1）。未列入主要分析十国的巴基斯坦和韩国总体表现较出色，分别位列第三和第五（详见附录Ⅲ）。

表10-5　主要分析十国在作物学科领域中的研究热点前沿表现力指数及分指标得分与排名

指标体系	指标名称	得分及排名	中　国	美　国	德　国	英　国	日　本	法　国	印　度	澳大利亚	加拿大	意大利
一级指标	国家表现力	得分	21.11	10.08	2.22	1.03	1.00	0.95	0.81	0.69	0.37	0.28
		排名	1	2	4	6	7	8	9	10	15	16

（续表）

指标体系	指标名称	得分及排名	中 国	美 国	德 国	英 国	日 本	法 国	印 度	澳大利亚	加拿大	意大利
二级指标	国家贡献度	得分	6.37	3.05	0.84	0.37	0.37	0.26	0.27	0.20	0.16	0.08
		排名	1	2	4	6	6	9	8	11	13	16
三级指标	国家基础贡献度	得分	4.02	2.31	0.62	0.20	0.28	0.17	0.11	0.00	0.08	0.00
		排名	1	2	4	7	6	8	10	17	14	17
	国家潜在贡献度	得分	2.36	0.73	0.22	0.17	0.09	0.10	0.17	0.20	0.08	0.08
		排名	1	2	3	5	10	8	5	4	11	11
二级指标	国家影响度	得分	7.53	4.63	1.18	0.58	0.37	0.50	0.33	0.37	0.15	0.12
		排名	1	2	4	6	8	7	10	8	15	16
三级指标	国家基础影响度	得分	3.91	2.68	0.65	0.16	0.21	0.30	0.03	0.00	0.03	0.00
		排名	1	2	5	10	9	6	13	17	13	17
	国家潜在影响度	得分	3.62	1.95	0.53	0.42	0.17	0.20	0.29	0.37	0.12	0.12
		排名	1	2	3	5	10	9	8	6	12	12
二级指标	国家引领度	得分	7.20	2.40	0.21	0.10	0.27	0.21	0.21	0.13	0.06	0.08
		排名	1	2	5	9	4	5	5	8	12	11
三级指标	国家基础引领度	得分	3.65	1.68	0.00	0.00	0.15	0.11	0.00	0.00	0.00	0.00
		排名	1	2	7	7	4	5	7	7	7	7
	国家潜在引领度	得分	3.55	0.72	0.21	0.10	0.12	0.10	0.21	0.13	0.06	0.08
		排名	1	2	3	8	7	8	3	6	12	11

在该领域的6个热点前沿中（表10-6），中美两国包揽了5个热点前沿的第一名，其中，中国覆盖了4个热点前沿表现力指数的第一名，占全部研究热点前沿数量的66.67%，中国在“作物单碱基编辑技术及其在分子精准育种中的应用”“植物基因转录与选择性剪切机制”“水稻粒型的分子调控机制”和“基于多组学和功能基因研究解析茶叶品质的形成机理”4个研究热点前沿中表现力指数得分排名第一。美国在“根系解剖结构和根系构型精准优化机制”1个热点前沿中排名第一。“作物对重金属的耐受及解毒措施”热点前沿的第一名被未列入主要分析十国的巴基斯坦摘得，这与近年巴基斯坦在热点前沿研究方面的重视程度以及广泛开展的国际合作研究有着较紧密的关系。

进一步分析作物学科领域排名前三的热点前沿国家分布情况发现，中国在所有6个热点前沿中均排名前三，美国有5个表现力排名前三的热点前沿，日本有2个排名前三的热点前沿，德国和英国各有1个排名前三的热点前沿。中国在“作物对重金属的耐受及解毒措施”研究热点前沿中排名第二，非主要分析十国的巴基斯坦和韩国分列该热点前沿表现力的第一和第三。中国在“根系解剖结构和根系构型精准优化机制”研究热点前沿中排名第三，美国和德国分列该热点前沿表现力的第一和第二（详见附录Ⅱ附表Ⅱ-1和附录Ⅲ）。

表 10-6 主要分析十国在作物学科领域 6 个热点前沿中的国家表现力指数得分与排名

研究领域热点或前沿名称	项目	中国	美国	德国	英国	日本	法国	印度	澳大利亚	加拿大	意大利
作物学科领域汇总	得分	21.11	10.08	2.22	1.03	1.00	0.95	0.81	0.69	0.37	0.28
	排名	1	2	4	6	7	8	9	10	15	16
研究重点前沿：作物单碱基编辑技术及其在分子精准育种中的应用	得分	3.38	2.03	0.20	0.06	0.31	0.08	0.13	0.05	0.04	0.03
	排名	1	2	5	8	3	7	6	9	10	11
研究热点：植物基因转录与选择性剪切机制	得分	5.34	2.22	0.03	0.48	0.00	0.00	0.01	0.11	0.06	0.01
	排名	1	2	6	3	18	18	13	4	5	13
研究热点：作物对重金属的耐受及解毒措施	得分	1.51	0.19	0.47	0.04	0.03	0.68	0.28	0.13	0.05	0.06
	排名	2	11	5	18	22	4	9	12	17	16
研究热点：水稻粒型的分子调控机制	得分	4.61	0.70	0.17	0.09	0.42	0.04	0.19	0.12	0.04	0.03
	排名	1	2	6	9	3	11	5	8	11	14
研究热点：基于多组学和功能基因研究解析茶叶品质的形成机理	得分	5.27	0.99	0.04	0.02	0.16	0.02	0.08	0.01	0.15	0.04
	排名	1	2	7	10	4	10	6	17	5	7
研究热点：根系解剖结构和根系构型精准优化机制	得分	1.00	3.95	1.31	0.34	0.08	0.13	0.12	0.27	0.03	0.11
	排名	3	1	2	4	12	6	8	5	21	9

10.2.2 植物保护学科领域：美国表现最为活跃；中国位列第二，成果产出及影响力有待提升

在植物保护学科领域的 Top7 热点前沿中（表 10-7），美国的研究热点前沿表现力指数得分为 13.38 分，排名第一。中国、意大利和法国排名第二至第四，得分分别为 9.03 分、6.98 分和 6.36 分，排名前四的国家包揽了该学科国家热点前沿表现力各级指标得分的前三名。从各级指标得分看，中国在该领域的跟踪合作研究成果较突出，基础研究相对薄弱，基础研究的成果产出量以及影响力均有待进一步提升。

表 10-7　主要分析十国在植物保护学科领域中的研究热点前沿表现力指数及分指标得分与排名

指标体系	指标名称	项　目	美　国	中　国	意大利	法　国	德　国	英　国	加拿大	澳大利亚	日　本	印　度
一级指标	国家表现力	得分	13.38	9.03	6.98	6.36	3.98	3.09	2.77	2.37	0.93	0.86
		排名	1	2	3	4	7	8	9	11	24	26
二级指标	国家贡献度	得分	4.16	2.71	2.24	2.28	1.21	1.10	0.92	0.73	0.28	0.32
		排名	1	2	4	3	7	8	10	12	24	21
三级指标	国家基础贡献度	得分	3.20	1.72	1.78	2.00	0.98	0.86	0.79	0.49	0.21	0.23
		排名	1	4	3	2	7	9	10	15	26	24
	国家潜在贡献度	得分	0.97	0.99	0.46	0.28	0.23	0.25	0.14	0.24	0.07	0.11
		排名	2	1	3	6	9	7	11	8	18	12
二级指标	国家影响度	得分	6.01	3.39	3.43	3.32	2.09	1.73	1.31	1.01	0.55	0.38
		排名	1	3	2	4	5	8	10	13	25	33
三级指标	国家基础影响度	得分	3.55	1.64	2.09	2.25	1.40	1.13	0.87	0.49	0.42	0.28
		排名	1	4	3	2	5	8	12	20	24	32
	国家潜在影响度	得分	2.47	1.75	1.32	1.05	0.70	0.59	0.43	0.52	0.13	0.10
		排名	1	2	3	4	6	8	11	10	23	26
二级指标	国家引领度	得分	3.21	2.94	1.32	0.76	0.67	0.27	0.55	0.62	0.09	0.16
		排名	1	2	3	5	6	10	8	7	20	16
三级指标	国家基础引领度	得分	1.91	1.39	0.74	0.48	0.46	0.09	0.36	0.40	0.00	0.00
		排名	1	2	3	4	5	14	8	7	18	18
	国家潜在引领度	得分	1.31	1.54	0.59	0.29	0.22	0.18	0.19	0.22	0.09	0.16
		排名	2	1	3	6	7	10	9	7	14	11

植物保护学科领域各热点前沿表现力的国家分布较分散。在该领域的所有研究热点前沿中（表10-8），美国、中国、意大利、加拿大和澳大利亚5个国家覆盖了全部7个热点前沿表现力的第一名，其中，美国在“植物双生病毒的分类、传播机理及综合防治”和“入侵害虫斑翅果蝇的生物学特征及其防治”2个热点中的国家表现力指数得分排名第一，这2个热点前沿的得分也表现出了较明显的实力优势。中国在“分子对接等技术在新农药设计及活性结构改造中的应用”和“番茄潜叶蛾的传播及综合治理”热点前沿中表现力指数得分排名第一，其中，“分子对接等技术在新农药设计及活性结构改造中的应用”是该领域研究热点中的前沿，中国在此前沿中的表现力指数得分优势显著。意大利、加拿大和澳大利亚则分别在“柑橘黄龙病菌的传播途径及其对果树的危害”“新烟碱杀虫

剂的环境污染与健康危害”和“疫霉病菌对主要园林植物的危害及其防治”3个研究热点中表现力指数得分排名第一。

该领域中各个研究热点前沿国家表现力指数得分排名第二至第三名的国家主要包括美国、中国、意大利、法国、德国、英国，以及未进入主要分析十国的南非、巴西和埃及9个国家。中国没有排名第二至第三的热点前沿，在“入侵害虫斑翅果蝇的生物学特征及其防治”和“柑橘黄龙病菌的传播途径及其对果树的危害”2个热点中表现力指数得分分别排名第四和第六，与世界领先水平还存在差距。中国的薄弱点主要分布在“植物双生病毒的分类、传播机理及综合防治”“新烟碱杀虫剂的环境污染与健康危害”和“疫霉病菌对主要园林植物的危害及其防治”3个热点前沿中，分别全球排名第十一、第十三和第二十七，需要全面提升表现力（详见附录Ⅱ附表Ⅱ-2和附录Ⅲ）。

表10-8　主要分析十国在植物保护学科领域7个热点前沿中的国家表现力指数得分与排名

研究领域热点或前沿名称	项　目	美　国	中　国	意大利	法　国	德　国	英　国	加拿大	澳大利亚	日　本	印　度
植物保护学科领域汇总	得分	13.38	9.03	6.98	6.36	3.98	3.09	2.77	2.37	0.93	0.86
	排名	1	2	3	4	7	8	9	11	24	26
研究前沿：分子对接等技术在新农药设计及活性结构改造中的应用	得分	0.61	5.36	0.00	0.00	0.01	0.01	0.00	0.00	0.00	0.01
	排名	2	1	18	18	8	8	18	18	18	8
研究热点：柑橘黄龙病菌的传播途径及其对果树的危害	得分	2.09	0.11	2.32	0.90	0.09	0.08	0.04	0.02	0.01	0.00
	排名	2	6	1	3	7	8	11	14	18	33
研究热点：疫霉病菌对主要园林植物的危害及其防治	得分	1.48	0.14	1.47	0.78	1.74	1.26	0.13	1.79	0.01	0.01
	排名	3	27	4	8	2	5	28	1	40	40
研究热点：番茄潜叶蛾的传播及综合治理	得分	0.93	2.05	1.18	1.73	0.48	0.18	0.22	0.08	0.04	0.13
	排名	5	1	4	3	8	14	13	26	29	17
研究热点：植物双生病毒的分类、传播机理及综合防治	得分	3.19	0.50	0.03	1.14	0.08	0.05	0.04	0.10	0.53	0.68
	排名	1	11	25	7	17	18	21	16	10	9
研究热点：入侵害虫斑翅果蝇的生物学特征及其防治	得分	3.15	0.50	1.35	0.84	0.38	0.20	0.15	0.03	0.27	0.00
	排名	1	4	2	3	8	13	14	19	10	35
研究热点：新烟碱杀虫剂的环境污染与健康危害	得分	1.93	0.37	0.63	0.97	1.20	1.31	2.19	0.35	0.07	0.03
	排名	2	13	8	6	5	3	1	14	18	22

10.2.3 畜牧兽医学科领域：中国和美国齐驱并驾优势显著，美国实力更均衡

在畜牧兽医学科领域的Top7热点前沿中（表10-9），中国的研究热点前沿表现力指数为15.95分，活跃度最高。美国紧随其后，得分为14.93分，是排名第三的英国（3.73分）得分的3倍多。中国和美国包揽了热点前沿表现力指数各级指标的前两名，优势显著。

表10-9 主要分析十国在畜牧兽医学科领域中的研究热点前沿表现力指数及分指标得分与排名

指标体系	指标名称	项目	中国	美国	英国	印度	澳大利亚	加拿大	德国	意大利	日本	法国
一级指标	国家表现力	得分	15.95	14.31	3.73	1.85	1.42	1.35	1.34	1.24	0.96	0.77
		排名	1	2	3	5	7	8	9	11	13	15
二级指标	国家贡献度	得分	4.44	4.13	1.35	0.55	0.53	0.45	0.48	0.37	0.36	0.33
		排名	1	2	3	5	6	9	8	12	13	14
三级指标	国家基础贡献度	得分	2.77	2.94	0.93	0.43	0.31	0.26	0.26	0.25	0.26	0.14
		排名	2	1	3	5	8	9	9	12	9	17
	国家潜在贡献度	得分	1.66	1.18	0.41	0.12	0.23	0.20	0.21	0.12	0.11	0.19
		排名	1	2	3	12	4	6	5	12	15	7
二级指标	国家影响度	得分	5.97	6.38	1.93	1.01	0.69	0.51	0.58	0.52	0.41	0.30
		排名	2	1	3	4	8	12	9	11	13	18
三级指标	国家基础影响度	得分	2.96	3.97	1.08	0.80	0.30	0.21	0.16	0.19	0.18	0.02
		排名	2	1	3	4	9	10	13	11	12	28
	国家潜在影响度	得分	3.00	2.43	0.85	0.21	0.40	0.31	0.42	0.33	0.23	0.28
		排名	1	2	3	17	5	7	4	6	14	9
二级指标	国家引领度	得分	5.55	3.82	0.46	0.29	0.20	0.38	0.31	0.34	0.18	0.15
		排名	1	2	3	9	11	5	7	6	13	15
三级指标	国家基础引领度	得分	2.64	2.53	0.15	0.14	0.00	0.21	0.11	0.21	0.04	0.00
		排名	1	2	7	8	16	4	10	4	15	16
	国家潜在引领度	得分	2.89	1.29	0.30	0.14	0.20	0.17	0.19	0.13	0.14	0.15
		排名	1	2	3	9	4	6	5	11	9	7

在该领域的7个研究热点前沿中，中国和美国包揽了所有热点前沿表现力指数得分的第一（表10-10）。近年，中国在猪圆环病毒3型以及禽流感病毒等相关研究中活跃度持

续显著。2020 年，中国排名第一的热点前沿有 4 个，占比 57.14%，包括“畜禽生长和繁殖性状的分子机制”“猪圆环病毒 3 型流行病学及遗传进化”和“高致病性禽流感病毒流行病学、遗传进化与致病机理”研究热点，以及“可转移多黏菌素耐药基因的发现及传播机制”研究前沿。美国有 3 个热点前沿的表现力指数得分排名第一，占比 42.86%，分别是“动物源性人兽共患病病原学及传播特征”“兽用抗生素应用及其抗药性的全球应对”和“猪流行性腹泻病毒新毒株流行病学、遗传进化及致病机理”。

统计分析该领域各研究热点前沿表现力指数得分排名第二、第三的国家分布情况发现，该学科领域各热点前沿排名第二、第三的国家较分散，美国有 3 个排名第二、第三的热点前沿，英国有 2 个，中国、印度、澳大利亚、加拿大和意大利各有 1 个。中国在继 2019 年研究热点“猪流行性腹泻病毒新毒株流行病学、遗传进化及致病机理”表现力指数排名第二后，今年持续排名第二，尽管中国在此学科领域的全部热点前沿表现力排名均进入前六，但研究热点“动物源性人兽共患病病原学及传播特征”和“兽用抗生素应用及其抗药性的全球应对”的表现力指数得分仍与发达国家存在较大差距（详见附录Ⅱ附表Ⅱ-3）。除主要分析十国外，伊朗、孟加拉国、韩国和比利时也分别摘得了个别热点前沿的第二和第三（详见附录Ⅲ）。

表 10-10　主要分析十国在畜牧兽医学科领域 7 个热点前沿中的国家表现力指数得分与排名

研究领域热点或前沿名称	项　目	中　国	美　国	英　国	印　度	澳大利亚	加拿大	德　国	意大利	日　本	法　国
畜牧兽医学科领域汇总	得分	15.95	14.31	3.73	1.85	1.42	1.35	1.34	1.24	0.96	0.77
	排名	1	2	3	5	7	8	9	11	13	15
研究热点：畜禽生长和繁殖性状的分子机制	得分	5.52	0.00	0.00	0.00	0.00	0.00	0.00	0.00	0.00	0.00
	排名	1	4	4	4	4	4	4	4	4	4
研究热点：猪圆环病毒 3 型流行病学及遗传进化	得分	2.78	0.65	0.11	0.02	0.00	0.01	0.08	0.47	0.02	0.02
	排名	1	2	11	14	30	19	12	3	14	14
研究前沿：可转移多黏菌素耐药基因的发现及传播机制	得分	2.26	1.59	1.39	0.08	0.15	0.10	0.58	0.38	0.05	0.19
	排名	1	2	3	15	11	12	4	6	18	10
研究热点：高致病性禽流感病毒流行病学、遗传进化与致病机理	得分	3.64	2.19	0.44	0.01	0.30	0.31	0.20	0.13	0.35	0.03
	排名	1	2	4	22	7	6	10	11	5	19
研究热点：动物源性人兽共患病病原学及传播特征	得分	0.22	4.44	1.07	0.04	0.78	0.17	0.26	0.09	0.06	0.18
	排名	6	1	2	23	3	8	5	13	17	7

（续表）

研究领域热点或前沿名称	项　目	中　国	美　国	英　国	印　度	澳大利亚	加拿大	德　国	意大利	日　本	法　国
研究热点：兽用抗生素应用及其抗药性的全球应对	得分	0.62	2.35	0.64	1.70	0.18	0.18	0.18	0.13	0.06	0.32
	排名	6	1	5	2	12	12	12	16	24	10
研究热点：猪流行性腹泻病毒新毒株流行病学、遗传进化及致病机理	得分	0.91	3.09	0.08	0.00	0.01	0.58	0.04	0.04	0.42	0.03
	排名	2	1	6	26	20	3	9	9	5	11

10.2.4　农业资源与环境学科领域：中国总体表现力俱佳，美国、澳大利亚和德国整体活跃度相当

在农业资源与环境学科领域的Top8 热点前沿中（表10-11），中国的国家研究热点前沿表现力指数得分最高（22.60分），排名第一，是排名第二的美国得分的近3倍，在国家贡献度、影响度和引领度3方面包揽了各级指标的第一名，领域热点前沿表现力远超其他国家。美国、澳大利亚和德国，分列第二至第四，热点前沿表现力指数得分分别为7.93分、6.93分和6.71分，处于同一梯队。英国、加拿大、西班牙（非主要分析十国）和意大利得分在2.50~4.00分，位列第四至第八。

表10-11　主要分析十国在资源与环境学科领域中的研究热点前沿表现力指数及分指标得分与排名

指标体系	指标名称	项　目	中　国	美　国	澳大利亚	德　国	英　国	加拿大	意大利	法　国	日　本	印　度
一级指标	国家表现力	得分	22.60	7.93	6.93	6.71	3.24	3.02	2.70	1.42	1.05	0.48
		排名	1	2	3	4	5	6	8	17	22	31
二级指标	国家贡献度	得分	7.25	2.74	2.47	2.61	1.25	0.93	1.11	0.51	0.47	0.17
		排名	1	2	4	3	5	8	6	19	20	32
三级指标	国家基础贡献度	得分	4.32	1.65	2.02	1.98	0.92	0.64	0.93	0.29	0.31	0.00
		排名	1	4	2	3	6	11	5	21	19	39
	国家潜在贡献度	得分	2.93	1.09	0.45	0.63	0.35	0.28	0.19	0.22	0.16	0.17
		排名	1	2	4	3	5	6	12	8	15	14
二级指标	国家影响度	得分	7.91	3.65	3.39	3.15	1.65	1.53	1.20	0.75	0.48	0.17
		排名	1	2	3	4	5	7	9	16	23	35

（续表）

指标体系	指标名称	项　目	中　国	美　国	澳大利亚	德　国	英　国	加拿大	意大利	法　国	日　本	印　度
三级指标	国家基础影响度	得分	3.99	1.83	2.37	1.92	0.90	0.81	0.79	0.38	0.34	0.00
		排名	1	4	2	3	7	9	10	19	23	38
	国家潜在影响度	得分	3.93	1.82	1.03	1.24	0.75	0.72	0.41	0.37	0.14	0.17
		排名	1	2	4	3	5	6	9	11	26	22
二级指标	国家引领度	得分	7.43	1.55	1.06	0.93	0.35	0.56	0.40	0.15	0.12	0.14
		排名	1	2	3	4	10	6	9	17	19	18
三级指标	国家基础引领度	得分	3.65	0.65	0.78	0.54	0.17	0.33	0.29	0.00	0.00	0.00
		排名	1	3	2	4	10	6	8	17	17	17
	国家潜在引领度	得分	3.78	0.89	0.30	0.41	0.18	0.23	0.11	0.15	0.12	0.14
		排名	1	2	4	3	7	5	14	9	13	11

在该学科领域8个热点前沿中（表10-12），中国有5个热点前沿排名第一，排名第一的热点前沿数最多，且均以绝对优势领先，以此拉大了中国与其他国家的研究热点前沿总体指数得分。美国、澳大利亚和非主要分析十国的丹麦各有1个研究热点前沿排名第一。尽管中国在该领域的总体表现力排名第一，但仍存在薄弱之处，研究热点4“土壤植物间反馈机制研究”的表现力指数得分排名第七，与该热点前沿排名第一的美国得分有很大差距。

统计分析该领域研究热点前沿表现力指数得分排名第二、第三的国家分布情况发现，美国和澳大利亚均有3个热点前沿排名第二、第三，中国在“土壤光谱学及其在土壤性质预测中的应用”和“沼气发酵微生物群落结构及功能”2个热点前沿中均排名第二（详见附录Ⅱ附表Ⅱ-4）。此外，德国、英国、加拿大、意大利、印度，以及未列入主要分析十国的埃及、俄罗斯、巴基斯坦和荷兰均有1个热点前沿排名第二或第三（详见附录Ⅲ）。

表10-12　主要分析十国在农业资源与环境学科领域8个热点前沿中的国家表现力指数得分与排名

研究领域热点或前沿名称	项目	中　国	美　国	澳大利亚	德　国	英　国	加拿大	意大利	法　国	日　本	印　度
资环学科领域汇总	得分	22.60	7.93	6.93	6.71	3.24	3.02	2.70	1.42	1.05	0.48
	排名	1	2	3	4	5	6	8	17	22	31
研究热点：堆肥腐殖化过程与调控	得分	5.48	0.07	0.00	0.01	0.07	0.02	0.00	0.01	0.00	0.07
	排名	1	3	21	16	3	8	21	16	21	3

（续表）

研究领域热点或前沿名称	项目	中　国	美　国	澳大利亚	德　国	英　国	加拿大	意大利	法　国	日　本	印　度
研究热点：根际沉积过程及其对土壤碳氮循环的影响	得分	3.92	0.47	0.37	2.13	0.48	0.13	0.29	0.11	0.07	0.04
	排名	1	5	6	2	4	8	7	9	11	16
研究热点：生物炭对受污染农田土壤的修复及其效应	得分	4.42	0.24	1.49	1.29	0.20	0.11	0.03	0.08	0.03	0.11
	排名	1	8	2	5	9	14	20	16	20	14
研究热点：土壤植物间反馈机制研究	得分	0.51	2.87	0.85	0.28	0.27	1.82	0.05	0.13	0.08	0.04
	排名	7	1	4	10	11	2	22	14	18	26
研究前沿：土壤光谱学及其在土壤性质预测中的应用	得分	1.47	1.25	1.77	1.29	1.18	0.56	1.42	0.87	0.34	0.09
	排名	2	8	1	6	9	16	3	10	28	31
研究热点：沼气发酵微生物群落结构及功能	得分	1.15	0.97	0.73	0.25	0.14	0.12	0.75	0.09	0.46	0.04
	排名	2	3	5	9	10	11	4	13	8	20
研究重点热点：农田系统抗生素与抗性基因研究	得分	3.26	1.60	0.60	0.36	0.41	0.13	0.09	0.11	0.02	0.05
	排名	1	2	3	6	4	7	9	8	28	16
研究热点：生物炭对农田土壤生物学过程及温室气体排放的影响	得分	2.39	0.46	1.12	1.10	0.49	0.13	0.07	0.02	0.05	0.04
	排名	1	7	2	3	6	11	13	26	17	20

10.2.5　农产品质量与加工学科领域：中国活跃度居首；美国和加拿大其次，实力相当

在农产品质量与加工学科领域的 Top6 热点前沿中，中国的国家研究热点前沿表现力指数得分为 12.82 分，位列第一，是排名第二的美国得分的两倍多，在该领域的热点前沿研究的活跃度优势显著（表 10-13）。美国和加拿大得分分别为 4.91 分和 4.18 分，领域热点前沿总体表现相当，分列第二和第三。排名前三的国家在二级指标国家贡献度、国家影响度和国家引领度中的排名也基本位列全球前三，处于第一梯队。主要分析十国中表现力第四位的印度（1.58 分）在全球排名第七，与前三位的国家存在一定的差距。非主要分析十国的巴西、西班牙和波兰摘得了全球总体表现排名的第四至第六。

表 10-13 主要分析十国在农产品质量与加工学科领域中的研究热点前沿表现力指数及分指标得分与排名

指标体系	指标名称	项目	中国	美国	加拿大	印度	意大利	英国	澳大利亚	德国	法国	日本
一级指标	国家表现力	得分	12.82	4.91	4.18	1.58	1.53	1.37	0.60	0.45	0.39	0.36
		排名	1	2	3	7	8	9	15	18	20	21
二级指标	国家贡献度	得分	4.36	1.82	1.46	0.53	0.55	0.45	0.18	0.12	0.15	0.18
		排名	1	2	3	9	8	10	16	22	19	16
三级指标	国家基础贡献度	得分	2.54	1.25	1.25	0.27	0.14	0.29	0.05	0.00	0.00	0.05
		排名	1	2	2	8	11	7	17	23	23	17
	国家潜在贡献度	得分	1.82	0.56	0.21	0.25	0.41	0.16	0.13	0.12	0.15	0.13
		排名	1	2	9	6	4	12	15	18	13	15
二级指标	国家影响度	得分	4.25	2.11	1.59	0.58	0.54	0.75	0.31	0.25	0.13	0.08
		排名	1	2	3	8	9	6	15	17	21	24
三级指标	国家基础影响度	得分	2.14	1.35	1.34	0.35	0.14	0.42	0.07	0.00	0.00	0.01
		排名	1	2	3	9	14	6	15	23	23	21
	国家潜在影响度	得分	2.11	0.75	0.26	0.22	0.40	0.34	0.24	0.25	0.13	0.07
		排名	1	2	8	12	4	6	10	9	20	23
二级指标	国家引领度	得分	4.20	0.99	1.14	0.49	0.43	0.16	0.12	0.10	0.12	0.09
		排名	1	3	2	6	8	11	13	15	13	18
三级指标	国家基础引领度	得分	2.09	0.58	1.00	0.27	0.14	0.06	0.05	0.00	0.00	0.00
		排名	1	3	2	5	8	12	13	16	16	16
	国家潜在引领度	得分	2.09	0.41	0.14	0.22	0.28	0.10	0.07	0.10	0.12	0.09
		排名	1	2	9	6	4	11	17	11	10	14

进一步分析主要分析十国在该领域的6个热点前沿中的表现发现，表现力排名第一的热点前沿主要集中在中国，主要包括“天然食品中生物胺的质谱分析技术研究”“智能食品包装膜制备技术研究与应用”“食品级颗粒的乳化机制及其应用研究”和“智能感官在食品品质评价中的应用”4个热点前沿，排名第一的热点前沿数量占比为66.67%。美国和加拿大分别在“食源性致病菌快速检测技术研究”和“食品中多酚类物质抗氧化活性研究”热点前沿中排名第一（表10-14）。

从研究热点前沿表现力指数得分及排名上也可以看出，主要分析十国中，中国在该领域的6个热点前沿中的活跃度均较高，均位列前五，但在“食品中多酚类物质抗氧化活性研究”热点中的得分仅为0.84，与排名第一的加拿大（3.05分）存在较大差距。美国在各热点前沿中也有优异表现，全部热点前沿均排名前十，热点前沿表现力相对较均衡；中国和美国分别在“食源性致病菌快速检测技术研究”研究热点和“食品级颗粒的乳化机制及其应用研究”研究前沿中排名第二，其他热点前沿表现力的第二名均被非主要分析十国摘得。在该领域中非主要分析十国波兰、希腊、巴西、伊朗和马来西亚表现较突出，摘得了4个热点前沿的第二名和3个热点前沿的第三名，其中，英国和希腊在“天然食品中生物胺的质谱分析技术研究”研究热点中表现力并列第三名（详见附录Ⅱ附表Ⅱ-5和附录Ⅲ）。

表10-14 主要分析十国在农产品质量与加工学科领域6个热点前沿中的国家表现力指数得分与排名

研究领域热点或前沿名称	项目	中国	美国	加拿大	印度	意大利	英国	澳大利亚	德国	法国	日本
农产品质量与加工学科领域汇总	得分	12.82	4.91	4.18	1.58	1.53	1.37	0.60	0.45	0.39	0.36
	排名	1	2	3	7	8	9	15	18	20	21
研究热点：天然食品中生物胺的质谱分析技术研究	得分	3.47	0.08	0.03	0.04	0.09	0.48	0.01	0.03	0.07	0.06
	排名	1	10	17	14	8	3	31	17	11	12
研究热点：智能食品包装膜制备技术研究与应用	得分	2.16	0.37	0.16	0.17	0.28	0.20	0.24	0.05	0.03	0.07
	排名	1	4	12	11	6	9	7	20	23	17
研究前沿：食品级颗粒的乳化机制及其应用研究	得分	3.57	1.81	0.07	0.03	0.02	0.41	0.04	0.04	0.04	0.02
	排名	1	2	6	14	17	3	9	9	9	17
研究热点：智能感官在食品品质评价中的应用	得分	1.29	0.19	0.03	0.99	0.56	0.08	0.08	0.06	0.05	0.06
	排名	1	7	23	3	5	11	11	13	16	13
研究热点：食品中多酚类物质抗氧化活性研究	得分	0.84	0.96	3.05	0.22	0.44	0.08	0.08	0.05	0.07	0.08
	排名	4	3	1	8	5	16	16	25	20	16
研究热点：食源性致病菌快速检测技术研究	得分	1.49	1.50	0.84	0.13	0.14	0.12	0.15	0.22	0.13	0.07
	排名	2	1	4	9	8	11	7	6	9	14

10.2.6 农业信息与农业工程学科领域：中国表现力全面领先，美国优势热点前沿数量最多

在农业信息与农业工程学科领域的Top10研究热点前沿中，中国表现最活跃，国家研究热点前沿表现力指数得分为13.54分，排名第一，优势显著（表10-15）。美国和非主要分析十国的马来西亚得分分别为8.31分和7.49分，排名第二和第三。对比国家研究热

点前沿表现力指数各级指标排名，中国占据了全部指标的第一名，美国表现也很优异，包揽了全部二级指标的第二名。

表 10-15 主要分析十国在农业信息农业与工程学科领域中的研究热点前沿表现力指数及分指标得分与排名

指标体系	指标名称	项 目	中 国	美 国	印 度	澳大利亚	英 国	加拿大	法 国	德 国	意大利	日 本
一级指标	国家表现力	得分	13.54	8.31	6.58	5.41	4.76	2.95	2.92	2.01	1.85	1.48
		排名	1	2	4	5	6	7	9	14	16	18
二级指标	国家贡献度	得分	4.65	2.75	2.14	2.21	1.65	1.10	1.02	0.56	0.58	0.44
		排名	1	2	5	4	6	7	8	17	16	20
三级指标	国家基础贡献度	得分	2.73	1.80	1.39	1.87	1.35	0.86	0.73	0.28	0.36	0.27
		排名	1	4	5	3	6	8	13	22	19	23
	国家潜在贡献度	得分	1.93	0.96	0.74	0.34	0.32	0.22	0.30	0.28	0.23	0.18
		排名	1	2	3	4	6	12	8	10	11	15
二级指标	国家影响度	得分	5.01	3.58	2.58	2.53	2.36	1.38	1.30	1.00	1.00	0.82
		排名	1	2	4	5	6	8	11	14	14	17
三级指标	国家基础影响度	得分	2.41	1.77	1.41	1.72	1.48	0.94	0.72	0.44	0.44	0.28
		排名	1	3	6	4	5	8	12	17	17	23
	国家潜在影响度	得分	2.59	1.81	1.17	0.81	0.87	0.43	0.58	0.55	0.54	0.55
		排名	1	2	3	5	4	15	9	10	12	10
二级指标	国家引领度	得分	3.89	2.00	1.86	0.67	0.74	0.46	0.58	0.45	0.28	0.20
		排名	1	2	3	6	5	10	7	11	18	21
三级指标	国家基础引领度	得分	1.51	1.06	1.04	0.39	0.54	0.28	0.37	0.19	0.03	0.03
		排名	1	3	4	8	5	13	10	17	26	26
	国家潜在引领度	得分	2.39	0.95	0.84	0.28	0.20	0.19	0.22	0.26	0.25	0.17
		排名	1	2	3	7	12	13	10	8	9	14

在该领域的 9 个热点前沿中（表 10-16），主要分析十国只摘得了 9 个热点前沿中的 6 个第一名，美国占 3 个，数量最多。非主要分析十国的马来西亚在研究热点“混合生物柴油转化技术及其利用”和研究热点“秸秆燃料乙醇转化关键技术”中有出色表现，排名第一。非主要分析十国的荷兰在研究热点基于激光传感器地面覆盖生物量评估技术中有出色表现，排名第一。中国仅在两个热点前沿中表现力排名第一，但在其中的“纳米材料制备及其在重金属吸附中的应用”研究前沿中的表现力得分优势显著，这也无形中

提升了中国在本学科的表现力总分。中国表现其次的是研究热点“基于多元光谱成像的食品质量无损检测技术”和“农用无人机近地作物表型信息获取技术及其应用”，排名第二，美国在这两个热点中排名第一。中国在研究热点“天然纤维聚合物复合材料制备与表征”和“基于卫星监测与毫米波传输的土壤水分与营养含量反演技术”中表现稍有逊色，排名第六和第八，印度和美国分别在这两个前沿中位列第一。

比对主要分析十国在各热点中的表现情况发现，中国总体实力最强，且表现较均衡；美国在所有热点前沿中均挤进前八名，其中7个热点前沿挤进前五名，表现也较平稳；主要分析十国中，除意大利外，均有排名第二、第三的热点前沿。非主要分析十国的沙特阿拉伯、马来西亚、秦国、印度尼西亚、荷兰、文莱和越南也摘得了个别热点前沿的第二名或第三名（详见附录Ⅱ附表Ⅱ-6和附录Ⅲ）。

表10-16　主要分析十国在农业信息与农业工程学科领域9个热点前沿中的国家表现力指数得分与排名

研究领域热点或前沿名称	项　目	中　国	美　国	印　度	澳大利亚	英　国	加拿大	法　国	德　国	意大利	日　本
农业信息与农业工程学科领域汇总	得分	13.54	8.31	6.58	5.41	4.76	2.95	2.92	2.01	1.85	1.48
	排名	1	2	4	5	6	7	9	14	16	18
研究前沿：纳米材料制备及其在重金属吸附中的应用	得分	4.68	0.14	0.13	0.16	0.02	0.00	0.03	0.02	0.02	0.35
	排名	1	6	7	5	18	37	16	18	18	3
研究热点：天然纤维聚合物复合材料制备与表征	得分	0.34	0.11	3.65	0.04	0.36	0.03	0.04	0.01	0.07	0.02
	排名	6	8	1	13	5	17	13	30	9	23
研究热点：混合生物柴油转化技术及其利用	得分	1.34	0.12	0.77	1.08	0.06	0.05	0.02	0.02	0.01	0.03
	排名	3	10	5	4	12	14	25	25	34	19
研究热点：基于卫星监测与毫米波传输的土壤水分与营养含量反演技术	得分	0.77	3.89	0.05	1.34	0.36	0.98	1.91	0.41	0.71	0.44
	排名	8	1	24	3	16	5	2	15	10	14
研究热点：基于激光传感器地面覆盖生物量评估技术	得分	1.13	0.83	0.26	1.15	1.95	0.38	0.42	0.69	0.38	0.26
	排名	5	6	15	4	2	11	10	7	11	15
研究热点：秸秆燃料乙醇转化关键技术	得分	1.14	0.20	0.74	0.05	0.08	0.06	0.05	0.06	0.11	0.07
	排名	5	9	6	23	15	20	23	20	12	16
研究重点热点：农用无人机近地作物表型信息获取技术及其应用	得分	1.15	1.29	0.03	0.57	0.37	0.43	0.25	0.63	0.30	0.13
	排名	2	1	25	4	7	6	10	3	9	15

（续表）

研究领域热点或前沿名称	项目	中国	美国	印度	澳大利亚	英国	加拿大	法国	德国	意大利	日本
研究热点：生物基平台化合物炼制技术及应用	得分	1.52	1.58	0.66	0.03	0.77	0.94	0.09	0.09	0.15	0.14
	排名	2	1	5	19	4	3	10	10	7	8
研究热点：土壤重金属生物修复关键技术及应用	得分	1.47	0.15	0.29	0.99	0.79	0.08	0.11	0.08	0.10	0.04
	排名	1	10	8	2	3	17	13	17	15	27

10.2.7 林业学科领域：美国高居榜首；中国位列第四，综合实力有待提升

在林业学科领域的Top3研究热点前沿中，美国、加拿大和澳大利亚包揽了本学科领域国家热点前沿表现力指数各级指标的前三名（表10-17）。美国表现最佳，研究热点前沿表现力指数得分为9.08分，远超排名第二的加拿大，各级指标得分也均全球排名第一。加拿大和澳大利亚表现相当，分列第二和第三。中国和德国并驾齐驱，在该领域全球排名第四和第五，国家研究热点前沿表现力指数得分分别为1.03分和1.02分。分析各国表现力指数各级指标数据发现，中国在该领域的二级指标得分与排名均优于基于核心论文的三级指标得分与排名，这说明中国在热点前沿领域的跟跑成果较乐观，只是重要论文成果产出量有待提升。

表10-17 主要分析十国在林业学科领域中的研究热点前沿表现力指数及分指标得分与排名

指标体系	指标名称	项目	美国	加拿大	澳大利亚	中国	德国	英国	法国	意大利	日本	印度
一级指标	国家表现力	得分	9.08	4.53	4.12	1.03	1.02	0.91	0.26	0.24	0.14	0.09
		排名	1	2	3	4	5	6	12	14	20	25
二级指标	国家贡献度	得分	2.78	1.42	1.52	0.31	0.35	0.26	0.06	0.06	0.04	0.02
		排名	1	3	2	5	4	6	15	15	18	26
三级指标	国家基础贡献度	得分	1.80	1.07	1.20	0.07	0.20	0.13	0.00	0.00	0.00	0.00
		排名	1	3	2	9	4	6	14	14	14	14
	国家潜在贡献度	得分	0.98	0.35	0.32	0.24	0.15	0.12	0.06	0.06	0.04	0.02
		排名	1	2	3	4	6	7	9	9	12	24
二级指标	国家影响度	得分	3.63	1.75	1.86	0.42	0.54	0.56	0.17	0.16	0.05	0.02
		排名	1	3	2	6	5	4	11	13	23	30

（续表）

指标体系	指标名称	项　目	美　国	加拿大	澳大利亚	中　国	德　国	英　国	法　国	意大利	日　本	印　度
三级指标	国家基础影响度	得分	1.73	1.03	1.25	0.08	0.28	0.19	0.00	0.00	0.00	0.00
		排名	1	3	2	11	4	6	14	14	14	14
	国家潜在影响度	得分	1.89	0.72	0.61	0.34	0.25	0.37	0.17	0.16	0.05	0.02
		排名	1	2	3	5	7	4	8	9	20	30
二级指标	国家引领度	得分	2.67	1.37	0.75	0.31	0.13	0.08	0.03	0.02	0.03	0.03
		排名	1	2	3	4	5	9	11	17	11	11
三级指标	国家基础引领度	得分	1.60	1.00	0.40	0.00	0.00	0.00	0.00	0.00	0.00	0.00
		排名	1	2	3	6	6	6	6	6	6	6
	国家潜在引领度	得分	1.07	0.37	0.35	0.31	0.13	0.08	0.03	0.02	0.03	0.03
		排名	1	2	3	4	5	7	9	16	9	9

在该领域的3个热点前沿中，美国保持绝对优势，在“气候变化对红树林生态系统的影响”和“林火对森林生态系统的影响及应对”2个热点前沿中，国家研究热点前沿表现力指数排名第一。加拿大在“基于长时间序列遥感影像的森林干扰、恢复及分类研究”热点前沿中排名第一。中国没有排名第一的热点前沿（表10-18）。

统计各国排名第二、第三的热点前沿数量发现，澳大利亚有2个热点前沿排名第二，美国有1个热点前沿排名第二，德国有1个热点排名第三，除此之外，非主要分析十国的新加坡和西班牙分别有1个热点前沿排名第三，中国没有排名第二、第三的热点前沿（详见附录Ⅲ）。总体来看，美国在该领域的Top3热点前沿中的表现力优势显著，且发展均衡，其他国家在各热点前沿中的表现力指数排名波动较大，各有短板。尽管中国在3个热点前沿中均挤进前八名，但在该领域热点前沿研究中的活跃度和实力与发达国家还存在一定的差距（详见附录Ⅱ附表Ⅱ-7）。

表10-18　主要分析十国在林业学科领域3个热点前沿中的国家表现力指数得分与排名

研究领域热点或前沿名称	项　目	美　国	加拿大	澳大利亚	中　国	德　国	英　国	法　国	意大利	日　本	印　度
林业学科领域汇总	得分	9.08	4.53	4.12	1.03	1.02	0.91	0.26	0.24	0.14	0.09
	排名	1	2	3	4	5	6	12	14	20	25
研究重点前沿：基于长时间序列遥感影像的森林干扰、恢复及分类研究	得分	0.95	4.02	0.18	0.36	0.75	0.15	0.01	0.11	0.03	0.01
	排名	2	1	5	4	3	6	23	8	13	23

（续表）

研究领域热点或前沿名称	项　目	美　国	加拿大	澳大利亚	中　国	德　国	英　国	法　国	意大利	日　本	印　度
研究热点：气候变化对红树林生态系统的影响	得分	3.20	0.26	2.31	0.56	0.14	0.56	0.14	0.03	0.09	0.07
	排名	1	8	2	4	14	4	14	27	16	18
研究热点：林火对森林生态系统的影响及应对	得分	4.93	0.25	1.63	0.11	0.13	0.20	0.11	0.10	0.02	0.01
	排名	1	4	2	7	6	5	7	9	19	24

10.2.8　水产渔业学科领域：美国和意大利优势显著；中国排名第三，个别热点前沿表现突出

在水产渔业学科领域的 Top4 热点前沿中，美国的国家研究热点前沿表现力指数得分为 5.97 分，以微弱的优势位居第一。意大利紧随其后，得分为 5.54 分，排名第二。中国位列第三，国家潜在贡献度和国家引领度得分均排名第一，说明中国在该领域重视合作研究，成果论文中已经体现出较明显的引领地位（表 10-19）。

表 10-19　主要分析十国在水产渔业学科领域中的研究热点前沿表现力指数及分指标得分与排名

指标体系	指标名称	项　目	美　国	意大利	中　国	澳大利亚	英　国	德　国	法　国	日　本	加拿大	印　度
一级指标	国家表现力	得分	5.97	5.54	4.73	3.55	2.25	1.91	1.53	1.45	1.43	0.61
		排名	1	2	3	4	5	6	7	8	9	15
二级指标	国家贡献度	得分	2.08	1.82	1.57	1.16	0.95	0.74	0.73	0.50	0.44	0.19
		排名	1	2	3	4	5	6	7	9	10	21
三级指标	国家基础贡献度	得分	1.36	1.52	0.80	0.70	0.67	0.53	0.53	0.39	0.30	0.12
		排名	2	1	3	4	5	6	6	8	10	20
	国家潜在贡献度	得分	0.72	0.29	0.77	0.46	0.28	0.20	0.19	0.11	0.14	0.08
		排名	2	4	1	3	5	7	8	12	9	14
二级指标	国家影响度	得分	2.62	2.19	1.52	1.55	0.83	1.06	0.69	0.71	0.87	0.22
		排名	1	2	4	3	7	5	9	8	6	18
三级指标	国家基础影响度	得分	1.52	1.49	0.77	0.74	0.33	0.71	0.41	0.56	0.59	0.10
		排名	1	2	3	4	9	5	8	7	6	19
	国家潜在影响度	得分	1.10	0.70	0.75	0.81	0.51	0.34	0.28	0.15	0.28	0.11
		排名	1	4	3	2	5	7	8	15	8	17

（续表）

指标体系	指标名称	项目	美国	意大利	中国	澳大利亚	英国	德国	法国	日本	加拿大	印度
二级指标	国家引领度	得分	1.28	1.51	1.67	0.83	0.45	0.12	0.09	0.24	0.11	0.19
		排名	3	2	1	4	5	13	17	7	14	9
三级指标	国家基础引领度	得分	0.76	1.24	0.74	0.40	0.30	0.00	0.00	0.17	0.00	0.12
		排名	2	1	3	4	5	11	11	7	11	9
	国家潜在引领度	得分	0.52	0.28	0.91	0.43	0.15	0.12	0.09	0.08	0.11	0.07
		排名	2	4	1	3	7	9	12	14	10	16

在该领域的4个热点前沿中（表10-20），美国、意大利、中国和澳大利亚各摘得了1个热点前沿的国家表现力指数得分排名的第一，分别是研究热点“基于基因组学的软体动物适应性进化解析”（3.63分）、研究热点“微塑料对海洋生物的生态毒理学效应”（3.60分）、研究热点“饲料添加剂对水产养殖动物免疫和抗病性的影响”（2.07分）和研究前沿“珊瑚礁生态系统的结构与功能研究”（3.30分）。

统计各国排名第二、第三的热点前沿数量发现，美国、意大利和中国同时各有1个热点前沿的表现力指数得分排名第二。英国、德国和日本分别摘得了研究热点“珊瑚礁生态系统的结构与功能研究”、研究热点“微塑料对海洋生物的生态毒理学效应”和研究前沿“基于基因组学的软体动物适应性进化解析”的第三名，非主要分析十国的西班牙和伊朗分别摘得了研究热点“微塑料对海洋生物的生态毒理学效应”的第二名和研究热点“饲料添加剂对水产养殖动物免疫和抗病性的影响”的第三名。中国在“珊瑚礁生态系统的结构与功能研究”研究热点中排名第十七，综合实力有待提升（详见附录Ⅱ附表Ⅱ-8和附录Ⅲ）。

表10-20　主要分析十国在水产渔业学科领域4个热点前沿中的国家表现力指数得分与排名

研究领域热点或前沿名称	项目	美国	意大利	中国	澳大利亚	英国	德国	法国	日本	加拿大	印度
水产渔业学科领域汇总	得分	5.97	5.54	4.73	3.55	2.25	1.91	1.53	1.45	1.43	0.61
	排名	1	2	3	4	5	6	7	8	9	15
研究重点热点：珊瑚礁生态系统的结构与功能研究	得分	1.99	0.02	0.08	3.30	1.54	0.17	0.85	0.03	1.18	0.03
	排名	2	28	17	1	3	15	5	24	4	24
研究热点：微塑料对海洋生物的生态毒理学效应	得分	0.13	3.60	0.59	0.10	0.14	0.64	0.08	0.02	0.05	0.07
	排名	10	1	4	11	9	3	13	28	19	15

（续表）

研究领域热点或前沿名称	项目	美国	意大利	中国	澳大利亚	英国	德国	法国	日本	加拿大	印度
研究热点：饲料添加剂对水产养殖动物免疫和抗病性的影响	得分	0.22	1.46	2.07	0.03	0.04	0.02	0.04	0.14	0.01	0.48
	排名	9	2	1	21	19	25	19	12	33	5
研究前沿：基于基因组学的软体动物适应性进化解析	得分	3.63	0.46	1.99	0.12	0.53	1.08	0.56	1.26	0.19	0.03
	排名	1	9	2	13	7	4	6	3	12	21

附录Ⅰ 中国发表的农业热点前沿核心论文

附表Ⅰ　中国发表的农业热点前沿核心论文

序　号	题　名	参与机构	热点前沿名称	期　刊	出版年	被引频次
1	Expanded base editing in rice and wheat using a Cas9-adenosine deaminase fusion	中国科学院	作物单碱基编辑技术及其在分子精准育种中的应用	*Genome Biology*	2018	100
2	Efficient C-to-T base editing in plants using a fusion of nCas9 and human APOBEC3A	中国科学院	作物单碱基编辑技术及其在分子精准育种中的应用	*Nature Biotechnology*	2018	75
3	Highly efficient A.T to G.C base editing by Cas9n-guided tRNA adenosine deaminase in rice	中国农业科学院、四川大学、河南科技大学、浙江大学	作物单碱基编辑技术及其在分子精准育种中的应用	*Molecular Plant*	2018	72
4	Precise A.T to G.C base editing in the rice genome	中国科学院	作物单碱基编辑技术及其在分子精准育种中的应用	*Molecular Plant*	2018	66
5	Efficient base editing in methylated regions with a human APOBEC3A-Cas9 fusion	上海科技大学、中国科学院	作物单碱基编辑技术及其在分子精准育种中的应用	*Nature Biotechnology*	2018	58
6	Expanding the base editing scope in rice by using Cas9 variants	中国科学院	作物单碱基编辑技术及其在分子精准育种中的应用	*Plant Biotechnology Journal*	2019	53

（续表）

序　号	题　名	参与机构	热点前沿名称	期　刊	出版年	被引频次
7	Improved base editor for efficiently inducing genetic variations in rice with CRISPR/Cas9 – guided Hyperactive hAID Mutant	中国农业科学院、四川大学、浙江大学	作物单碱基编辑技术及其在分子精准育种中的应用	*Molecular Plant*	2018	44
8	Full – length transcriptome sequences and splice variants obtained by a combination of sequencing platforms applied to different root tissues of Salvia miltiorrhiza and tanshinone biosynthesis	中国医学科学院、北京协和医学院、中国中医科学院、中国科学院	植物基因转录与选择性剪切机制	*Plant Journal*	2015	136
9	Comprehensive profiling of rhizome–associated alternative splicing and alternative polyadenylation in moso bamboo（*Phyllostachys edulis*）	福建农林大学	植物基因转录与选择性剪切机制	*Plant Journal*	2017	55
10	Global identification of alternative splicing via comparative analysis of SMRT– and Illumina–based RNA–seq in strawberry	华中农业大学	植物基因转录与选择性剪切机制	*Plant Journal*	2017	50
11	A global survey of alternative splicing in allopolyploid cotton：Landscape, complexity and regulation	华中农业大学、武汉未来组生物科技有限公司、西北农林科技大学	植物基因转录与选择性剪切机制	*New Phytologist*	2018	49
12	The developmental dynamics of the Populus stem transcriptome	中国科学院、百迈客生物科技有限公司、山东农业大学	植物基因转录与选择性剪切机制	*Plant Biotechnology Journal*	2019	15
13	A critical review on effects, tolerance mechanisms and management of cadmium in vegetables	香港理工大学	作物对重金属的耐受及解毒措施	*Chemosphere*	2017	132
14	Contrasting effects of biochar, compost and farm manure on alleviation of nickel toxicity in maize（*Zea mays* L.）in relation to plant growth, photosynthesis and metal uptake	中国科技大学	作物对重金属的耐受及解毒措施	*Ecotoxicology and Environmental Safety*	2016	98

（续表）

序 号	题 名	参与机构	热点前沿名称	期 刊	出版年	被引频次
15	Cadmium phytoremediation potential of Brassica crop species: A review	香港理工大学	作物对重金属的耐受及解毒措施	*Science of the Total Environment*	2018	80
16	OsSPL13 controls grain size in cultivated rice	中国科学院、中国农业科学院	水稻粒型的分子调控机制	*Nature Genetics*	2016	225
17	A rare allele of GS2 enhances grain size and grain yield in rice	中国水稻研究所、中国农业科学院、中国科学院	水稻粒型的分子调控机制	*Molecular Plant*	2015	142
18	Control of grain size and rice yield by GL2-mediated brassinosteroid responses	中国科学院、福建师范大学、福建省农业科学院	水稻粒型的分子调控机制	*Nature Plants*	2016	128
19	GW5 acts in the brassinosteroid signalling pathway to regulate grain width and weight in rice	中国农业科学院、南京农业大学	水稻粒型的分子调控机制	*Nature Plants*	2017	114
20	Signaling pathways of seed size control in plants	中国科学院	水稻粒型的分子调控机制	*Current Opinion in Plant Biology*	2016	113
21	Regulation of OsGRF4 by OsmiR396 controls grain size and yield in rice	中国科学院、中国农业科学院、浙江农业科学院	水稻粒型的分子调控机制	*Nature Plants*	2016	106
22	Coordinated regulation of vegetative and reproductive branching in rice	华中农业大学	水稻粒型的分子调控机制	*Proceedings of the National Academy of Sciences of the United States of America*	2015	91
23	The miR156/SPL module, a regulatory hub and versatile toolbox, gears up crops for enhanced agronomic traits	中国农业科学院	水稻粒型的分子调控机制	*Molecular Plant*	2015	89
24	Natural variation in the promoter of GSE5 contributes to grain size diversity in rice	中国科学院、中国农业科学院	水稻粒型的分子调控机制	*Molecular Plant*	2017	77
25	The OsmiR396c-OsGRF4-OsGIF1 regulatory module determines grain size and yield in rice	四川农业大学	水稻粒型的分子调控机制	*Plant Biotechnology Journal*	2016	58

（续表）

序　号	题　名	参与机构	热点前沿名称	期　刊	出版年	被引频次
26	miR156 - targeted SBP - box transcription factors interact with DWARF53 to regulate TEOSINTE BRANCHED1 and BARREN STALK1 expression in bread wheat	中国农业科学院	水稻粒型的分子调控机制	*Plant Physiology*	2017	58
27	A single - nucleotide polymorphism causes smaller grain size and loss of seed shattering during African rice domestication	中国农业大学、复旦大学	水稻粒型的分子调控机制	*Nature Plants*	2017	54
28	G-protein beta gamma subunits determine grain size through interaction with MADS-domain transcription factors in rice	中国科学院、华南农业大学、云南省农业科学院	水稻粒型的分子调控机制	*Nature Communications*	2018	51
29	GS9 acts as a transcriptional activator to regulate rice grain shape and appearance quality	扬州大学	水稻粒型的分子调控机制	*Nature Communications*	2018	50
30	Grain size and number1 negatively regulates the OsMKKK10-OsMKK4-OsMPK6 cascade to coordinate the trade-off between grain number per panicle and grain size in rice	中国科学院、上海科技大学	水稻粒型的分子调控机制	*Plant Cell*	2018	48
31	A novel QTL qTGW3 encodes the GSK3/SHAGGY-like kinase OsGSK5/OsSK41 that interacts with OsARF4 to negatively regulate grain size and weight in rice	复旦大学、江西农业大学、中国科学院、浙江大学	水稻粒型的分子调控机制	*Molecular Plant*	2018	43
32	Knockdown of rice microRNA166 confers drought resistance by causing leaf rolling and altering stem xylem development	中国科学院	水稻粒型的分子调控机制	*Plant Physiology*	2018	41
33	A G-protein pathway determines grain size in rice	华中农业大学	水稻粒型的分子调控机制	*Nature Communications*	2018	35
34	Control of grain size in rice	中国科学院	水稻粒型的分子调控机制	*Plant Reproduction*	2018	33

（续表）

序号	题名	参与机构	热点前沿名称	期刊	出版年	被引频次
35	miR1432-OsACOT (Acyl-CoA thioesterase) module determines grain yield via enhancing grain filling rate in rice	河南农业大学、中国科学院	水稻粒型的分子调控机制	*Plant Biotechnology Journal*	2019	13
36	High-density genetic map construction and QTLs analysis of grain yield-related traits in Sesame (*Sesamum indicum* L.) based on RAD-Seq techonology	中国农业科学院、上海美吉生物医药科技有限公司、阜阳市农业科学院	基于多组学和功能基因研究解析茶叶品质的形成机理	*Bmc Plant Biology*	2014	107
37	De novo assembly and transcriptome characterization: Novel insights into catechins biosynthesis in *Camellia sinensis*	南京农业大学	基于多组学和功能基因研究解析茶叶品质的形成机理	*Bmc Plant Biology*	2014	107
38	Draft genome sequence of *Camellia sinensis* var. *sinensis* provides insights into the evolution of the tea genome and tea quality	安徽农业大学、深圳华大基因研究院、上海海洋大学、中国科学院	基于多组学和功能基因研究解析茶叶品质的形成机理	*Proceedings of the National Academy of Sciences of the United States of America*	2018	196
39	The tea tree genome provides insights into tea flavor and independent evolution of Caffeine biosynthesis	中国科学院、华南农业大学、云南农业大学、广东省农业科学院、辽宁师范大学、云南省农业科学院、金华茶树种质资源库、华中农业大学	基于多组学和功能基因研究解析茶叶品质的形成机理	*Molecular Plant*	2017	185
40	Selection of suitable reference genes for qPCR normalization under abiotic stresses and hormone stimuli in carrot leaves	南京农业大学	基于多组学和功能基因研究解析茶叶品质的形成机理	*Plos One*	2015	88
41	Selection of suitable reference genes for qRT-PCR normalization during leaf development and hormonal stimuli in tea plant (*Camellia sinensis*)	南京农业大学	基于多组学和功能基因研究解析茶叶品质的形成机理	*Scientific Reports*	2016	72

（续表）

序　号	题　名	参与机构	热点前沿名称	期　刊	出版年	被引频次
42	Identification of UDP－glycosyltransferases involved in the biosynthesis of astringent taste compounds in tea (*Camellia sinensis*)	安徽农业大学、中国科学院	基于多组学和功能基因研究解析茶叶品质的形成机理	*Journal of Experimental Botany*	2016	66
43	Tea plant information archive：A comprehensive genomics and bioinformatics platform for tea plant	安徽农业大学	基于多组学和功能基因研究解析茶叶品质的形成机理	*Plant Biotechnology Journal*	2019	33
44	Evolutionary and functional characterization of leucoanthocyanidin reductases from *Camellia sinensis*	安徽农业大学	基于多组学和功能基因研究解析茶叶品质的形成机理	*Planta*	2018	32
45	Implementation of CsLIS/NES in linalool biosynthesis involves transcript splicing regulation in *Camellia sinensis*	安徽农业大学、加拿大农业与农业食品部	基于多组学和功能基因研究解析茶叶品质的形成机理	*Plant Cell and Environment*	2018	28
46	Understanding the biosyntheses and stress response mechanisms of aroma compounds in tea (*Camellia sinensis*) to safely and effectively improve tea aroma	中国科学院	基于多组学和功能基因研究解析茶叶品质的形成机理	*Critical Reviews in Food Science and Nutrition*	2019	27
47	Novel insight into the role of withering process in characteristic flavor formation of teas using transcriptome analysis and metabolite profiling	华中农业大学、安徽农业大学、湖北省农业科学院	基于多组学和功能基因研究解析茶叶品质的形成机理	*Food Chemistry*	2019	16
48	Reduced lateral root branching density improves drought tolerance in maize	西北农林科技大学	根系解剖结构和根系构型精准优化机制	*Plant Physiology*	2015	88
49	Synthesis, crystal structure, herbicidal activities and 3D-QSAR study of some novel 1,2,4-triazolo [4,3-a] pyridine derivatives	浙江工业大学、浙江省化工研究院有限公司	分子对接等技术在新农药设计及活性结构改造中的应用	*Pest Management Science*	2015	100
50	Synthesis and insecticidal activity of novel pyrimidine derivatives containing urea pharmacophore against Aedes aegypti	浙江工业大学	分子对接等技术在新农药设计及活性结构改造中的应用	*Pest Management Science*	2017	64

（续表）

序 号	题 名	参与机构	热点前沿名称	期 刊	出版年	被引频次
51	Design, synthesis, SAR and molecular docking of novel green niacin－triketone HPPD inhibitor	东北农业大学	分子对接等技术在新农药设计及活性结构改造中的应用	*Industrial Crops and Products*	2019	27
52	Design, synthesis, and herbicidal activity evaluation of novel aryl－naphthyl methanone derivatives	东北农业大学	分子对接等技术在新农药设计及活性结构改造中的应用	*Frontiers in Chemistry*	2019	23
53	Synthesis, nematicidal activity and docking study of novel Pyrazole－4－carboxamide derivatives against meloidogyne incognita	浙江工业大学、浙江省化工研究院有限公司	分子对接等技术在新农药设计及活性结构改造中的应用	*Letters in Drug Design & Discovery*	2019	20
54	The synthesis of 6－（tert－butyl）－8－fluoro－2，3－dimethylquinoline carbonate derivatives and their antifungal activity against Pyricularia oryzae	浙江工业大学、浙江省化工研究院有限公司	分子对接等技术在新农药设计及活性结构改造中的应用	*Frontiers of Chemical Science and Engineering*	2019	20
55	Novel trifluoromethylpyrazole acyl thiourea derivatives: Synthesis, antifungal activity and docking study	浙江工业大学、贵州大学、中国农业科学院	分子对接等技术在新农药设计及活性结构改造中的应用	*Letters in Drug Design & Discovery*	2019	18
56	Rational design, synthesis and structure－activity relationship of novel substituted oxazole isoxazole carboxamides as herbicide safener	东北农业大学	分子对接等技术在新农药设计及活性结构改造中的应用	*Pesticide Biochemistry and Physiology*	2019	15
57	Ecology, worldwide spread, and management of the invasive South American tomato pinworm, Tuta absoluta: past, present, and future	中国农业科学院	番茄潜叶蛾的传播及综合治理	*Annual Review of Entomology*	2018	126
58	Population and damage projection of *Spodoptera litura* (F.) on peanuts (*Arachis hypogaea* L.) under different conditions using the age－stage, two－sex life table	台湾中兴大学	番茄潜叶蛾的传播及综合治理	*Pest Management Science*	2014	97

（续表）

序　号	题　名	参与机构	热点前沿名称	期　刊	出版年	被引频次
59	Demographic assessment of plant cultivar resistance to insect pests：a case study of the dusky-veined walnut aphid（Hemiptera：Callaphididae）on five walnut cultivars	台湾中兴大学	番茄潜叶蛾的传播及综合治理	*Journal of Economic Entomology*	2015	97
60	Demography and population projection of *Aphis fabae*（Hemiptera：Aphididae）：With additional comments on life table research criteria	台湾中兴大学	番茄潜叶蛾的传播及综合治理	*Journal of Economic Entomology*	2015	83
61	Linking demography and consumption of *Henosepilachna vigintioctopunctata*（Coleoptera：Coccinellidae）fed on solanum photeinocarpum（Solanales：Solanaceae）：With a new method to project the uncertainty of population growth and consumption	台湾中兴大学、台南区农业研究与技术推广	番茄潜叶蛾的传播及综合治理	*Journal of Economic Entomology*	2018	32
62	Impact of imidacloprid and natural enemies on cereal aphids：Integration or ecosystem service disruption?	中国农业大学、中国科学院	番茄潜叶蛾的传播及综合治理	*Entomologia Generalis*	2018	27
63	Tuta absoluta continues to disperse in Asia：Damage，ongoing management and future challenges	中国科学院、北京市农林科学院、中国农业科学院	番茄潜叶蛾的传播及综合治理	*Journal of Pest Science*	2019	27
64	Transgenerational hormetic effects of sublethal dose of flupyradifurone on the green peach aphid，*Myzus persicae*（Sulzer）（Hemiptera：Aphididae）	福建农林大学、中国农业大学	番茄潜叶蛾的传播及综合治理	*Plos One*	2019	14
65	World management of geminiviruses	世界蔬菜中心	植物双生病毒的分类、传播机理及综合防治	*Annual Review of Phytopathology*	2018	45
66	Invasion biology of spotted wing drosophila（*Drosophila suzukii*）：A global perspective and future priorities	青岛农业大学、云南农业大学、山东省农业科学院	入侵害虫斑翅果蝇的生物学特征及其防治	*Journal of Pest Science*	2015	391

（续表）

序号	题名	参与机构	热点前沿名称	期刊	出版年	被引频次
67	Current SWD IPM tactics and their practical implementation in fruit crops across different regions around the world	中国农业科学院	入侵害虫斑翅果蝇的生物学特征及其防治	*Journal of Pest Science*	2016	122
68	Two strongly linked single nucleotide polymorphisms（Q320P and V397I）in GDF9 gene are associated with litter size in cashmere goats	西北农林科技大学、榆林学院	畜禽生长和繁殖性状的分子机制	*Theriogenology*	2019	37
69	Goat membrane associated ring-CH-type finger 1（MARCH1）mRNA expression and association with litter size	西北农林科技大学、榆林学院	畜禽生长和繁殖性状的分子机制	*Theriogenology*	2019	27
70	A 14-bp functional deletion within the CMTM2 gene is significantly associated with litter size in goat	西北农林科技大学、榆林学院	畜禽生长和繁殖性状的分子机制	*Theriogenology*	2019	25
71	A multiallelic indel in the promoter region of the Cyclin-dependent kinase inhibitor 3 gene is significantly associated with body weight and carcass traits in chickens	河南农业大学	畜禽生长和繁殖性状的分子机制	*Poultry Science*	2019	20
72	Pig SOX9：Expression profiles of Sertoli cell（SCs）and a functional 18 bp indel affecting testis weight	西北农林科技大学、河南农业科学院	畜禽生长和繁殖性状的分子机制	*Theriogenology*	2019	15
73	Identification and genetic characterization of porcine circovirus type 3 in China	华中农业大学	猪圆环病毒3型流行病学及遗传进化	*Transboundary and Emerging Diseases*	2017	101
74	The occurrence of porcine circovirus 3 without clinical infection signs in Shandong Province	山东省农业科学院、青岛农业大学、山东师范大学、中国农业科学院	猪圆环病毒3型流行病学及遗传进化	*Transboundary and Emerging Diseases*	2017	81
75	Genome characterization of a porcine circovirus type 3 in South China	华南农业大学	猪圆环病毒3型流行病学及遗传进化	*Transboundary and Emerging Diseases*	2018	59

（续表）

序　号	题　名	参与机构	热点前沿名称	期　刊	出版年	被引频次
76	Insights into the epidemic characteristics and evolutionary history of the novel porcine circovirus type 3 in southern China	华南农业大学	猪圆环病毒 3 型流行病学及遗传进化	*Transboundary and Emerging Diseases*	2018	57
77	Detection and genome sequencing of porcine circovirus 3 in neonatal pigs with congenital tremors in South China	华南农业大学	猪圆环病毒 3 型流行病学及遗传进化	*Transboundary and Emerging Diseases*	2017	40
78	Retrospective study of porcine circovirus 3 infection in China	东北农业大学、中国人民解放军军事医学科学院、北京市农林科学院、佛山大学、扬州大学	猪圆环病毒 3 型流行病学及遗传进化	*Transboundary and Emerging Diseases*	2018	31
79	Biopanning of polypeptides binding to bovine ephemeral fever virus G（1）protein from phage display peptide library	山东师范大学	猪圆环病毒 3 型流行病学及遗传进化	*Bmc Veterinary Research*	2018	30
80	The detection of porcine circovirus 3 in Guangxi, China	中国人民解放军军事医学科学院、温州大学、延边大学、吉林大学、广西壮族自治区动物疫病预防控制中心、中国农业科学院	猪圆环病毒 3 型流行病学及遗传进化	*Transboundary and Emerging Diseases*	2018	29
81	Presence of Torque teno sus virus 1 and 2 in porcine circovirus 3-positive pigs	山东省农业科学院、青岛农业大学、北京市农林科学院	猪圆环病毒 3 型流行病学及遗传进化	*Transboundary and Emerging Diseases*	2018	27
82	Induction of porcine dermatitis and nephropathy syndrome in piglets by infection with porcine circovirus Type 3	北京市农林科学院、中国农业大学	猪圆环病毒 3 型流行病学及遗传进化	*Journal of Virology*	2019	24
83	Molecular detection and phylogenetic analysis of porcine circovirus type 3 in 21 Provinces of China during 2015-2017	黑龙江八一农垦大学、中国农业科学院	猪圆环病毒 3 型流行病学及遗传进化	*Transboundary and Emerging Diseases*	2019	18

（续表）

序 号	题 名	参与机构	热点前沿名称	期 刊	出版年	被引频次
84	Emergence of plasmid - mediated colistin resistance mechanism MCR-1 in animals and human beings in China: A microbiological and molecular biological study	华南农业大学、浙江大学、中山大学	可转移多黏菌素耐药基因的发现及传播机制	*Lancet Infectious Diseases*	2016	2008
85	Novel Plasmid - Mediated Colistin Resistance Gene mcr-3 in *Escherichia coli*	中国农业大学、浙江大学	可转移多黏菌素耐药基因的发现及传播机制	*Mbio*	2017	219
86	The first isolate of *Candida auris* in China: Clinical and biological aspects	北京大学、中国科学院、复旦大学	可转移多黏菌素耐药基因的发现及传播机制	*Emerging Microbes & Infections*	2018	159
87	Novel plasmid - mediated colistin resistance gene mcr-7. 1 in *Klebsiella pneumoniae*	四川大学	可转移多黏菌素耐药基因的发现及传播机制	*Journal of Antimicrobial Chemotherapy*	2018	107
88	Epidemiology of Human infections with avian influenza A (H7N9) virus in China	中国疾病预防控制中心、北京市疾病预防控制中心、江苏省疾病预防控制中心、南京市疾病预防控制中心、浙江省疾病预防控制中心、安徽省疾病预防控制中心、上海市疾病预防控制中心、广东省疾病预防控制中心、河北省疾病预防控制中心、山东省疾病预防控制中心、湖南省疾病预防控制中心、河南省疾病预防控制中心、福建省疾病预防控制中心、江西省疾病预防控制中心	高致病性禽流感病毒流行病学、遗传进化与致病机理	*New England Journal of Medicine*	2014	474

（续表）

序　号	题　名	参与机构	热点前沿名称	期　刊	出版年	被引频次
89	Clinical and epidemiological characteristics of a fatal case of avian influenza A H10N8 virus infection: A descriptive study	南昌市疾病预防控制中心、江西省疾病预防控制中心、中国疾病预防控制中心、南昌市第一医院、中国医学科学院、北京协和医院、东湖区疾病预防控制中心	高致病性禽流感病毒流行病学、遗传进化与致病机理	*Lancet*	2014	347
90	Effect of closure of live poultry markets on poultry-to-person transmission of avian influenza A H7N9 virus: an ecological study	中国疾病预防控制中心、香港大学、中国科学院	高致病性禽流感病毒流行病学、遗传进化与致病机理	*Lancet*	2014	180
91	Evolution of the H9N2 influenza genotype that facilitated the genesis of the novel H7N9 virus	中国农业大学、青岛农业大学、中国科学院	高致病性禽流感病毒流行病学、遗传进化与致病机理	*Proceedings of the National Academy of Sciences of the United States of America*	2015	150
92	Role for migratory wild birds in the global spread of avian influenza H5N8	中国农业科学院、广东省疾病预防控制中心	高致病性禽流感病毒流行病学、遗传进化与致病机理	*Science*	2016	144
93	Epidemiology of avian influenza A H7N9 virus in human beings across five epidemics in mainland China, 2013-17: An epidemiological study of laboratory-confirmed case series	复旦大学、中国疾病预防控制中心、香港大学、中国科学院、江苏省疾病预防控制中心、浙江省疾病预防控制中心、广东省疾病预防控制中心、深圳市疾病预防控制中心、安徽省疾病预防控制中心、湖南省疾病预防控制中心、江西省疾病预防控制中心、福建省疾病预防控制中心、汕头大学	高致病性禽流感病毒流行病学、遗传进化与致病机理	*Lancet Infectious Diseases*	2017	143

（续表）

序　号	题　名	参与机构	热点前沿名称	期　刊	出版年	被引频次
94	Dissemination, divergence and establishment of H7N9 influenza viruses in China	深圳第三人民医院、汕头大学、香港大学、浙江疾病预防控制中心	高致病性禽流感病毒流行病学、遗传进化与致病机理	*Nature*	2015	138
95	Epidemiology, evolution, and recent outbreaks of avian influenza virus in China	华南农业大学、中国科学院、深圳第三人民医院	高致病性禽流感病毒流行病学、遗传进化与致病机理	*Journal of Virology*	2015	128
96	Genesis, evolution and prevalence of H5N6 avian influenza viruses in China	深圳第三人民医院、中国科学院、深圳华大基因研究院、中国疾病预防控制中心、吉林大学、云南省疾病预防控制中心、迪庆藏族自治州疾病预防控制中心、国家兽用药品工程技术研究中心、福建省农业科学院、华南农业大学、清华大学、广西大学、泰山医学院	高致病性禽流感病毒流行病学、遗传进化与致病机理	*Cell Host & Microbe*	2016	116
97	Epidemiology, evolution, and pathogenesis of H7N9 influenza viruses in five epidemic waves since 2013 in China	南京农业大学、扬州大学、浙江大学、中国科学院、中国疾病预防控制中心	高致病性禽流感病毒流行病学、遗传进化与致病机理	*Trends in Microbiology*	2017	105
98	Human infection with highly pathogenic avian influenza A (H7N9) virus, China	广东省疾病预防控制中心、广州医科大学、香港大学、中国疾病预防控制中心、济南大学、澳门科技大学	高致病性禽流感病毒流行病学、遗传进化与致病机理	*Emerging Infectious Diseases*	2017	78
99	A highly pathogenic avian H7N9 influenza virus isolated from a Human is lethal in some ferrets infected via respiratory droplets	中国疾病预防控制中心	高致病性禽流感病毒流行病学、遗传进化与致病机理	*Cell Host & Microbe*	2017	66

（续表）

序　号	题　名	参与机构	热点前沿名称	期　刊	出版年	被引频次
100	Rapid Evolution of H7N9 Highly Pathogenic Viruses that Emerged in China in 2017	中国农业科学院	高致病性禽流感病毒流行病学、遗传进化与致病机理	*Cell Host & Microbe*	2018	66
101	Increase in Human Infections with Avian Influenza A (H7N9) Virus During the Fifth Epidemic - China, October 2016 - February 2017	中国疾病预防控制中心	高致病性禽流感病毒流行病学、遗传进化与致病机理	*Mmwr - Morbidity and Mortality Weekly Report*	2017	58
102	Emergence and adaptation of a novel highly pathogenic H7N9 influenza virus in birds and humans from a 2013 Human - Infecting low-pathogenic ancestor	华南农业大学、中国科学院、泰山医学院、广州医科大学、北京师范大学	高致病性禽流感病毒流行病学、遗传进化与致病机理	*Journal of Virology*	2018	49
103	New threats from H7N9 influenza virus: spread and evolution of high-and low-pathogenicity variants with high genomic diversity in wave five	中国疾病预防控制中心、中国科学院、泰山医学院、深圳第三人民医院、浙江农林大学、江西省疾病预防控制中心、迪庆藏族自治州疾病预防控制中心、云南省疾病预防控制中心、复旦大学、新疆大学、福建省农业科学院、东莞市疾病预防控制中心	高致病性禽流感病毒流行病学、遗传进化与致病机理	*Journal of Virology*	2018	48
104	Influenza H5/H7 virus vaccination in poultry and reduction of zoonotic infections, Guangdong Province, China, 2017-18	广东省疾病预防控制中心、香港大学	高致病性禽流感病毒流行病学、遗传进化与致病机理	*Emerging Infectious Diseases*	2019	25
105	Structure-function analysis of neutralizing antibodies to H7N9 influenza from naturally infected humans	长庚纪念医院、长庚大学、中国科学院、中国农业大学、首都医科大学、台湾"中央研究院"、台湾敏盛医院、深圳第三人民医院	高致病性禽流感病毒流行病学、遗传进化与致病机理	*Nature Microbiology*	2019	17

（续表）

序号	题名	参与机构	热点前沿名称	期刊	出版年	被引频次
106	Improved lignocellulose – degrading performance during straw composting from diverse sources with actinomycetes inoculation by regulating the key enzyme activities	东北农业大学、清华大学、北京市农林科学院	堆肥腐殖化过程与调控	*Bioresource Technology*	2019	52
107	Diversity in the mechanisms of humin formation during composting with different materials	东北农业大学、中国环境科学研究院	堆肥腐殖化过程与调控	*Environmental Science & Technology*	2019	39
108	Roles of bacterial community in the transformation of organic nitrogen toward enhanced bioavailability during composting with different wastes	东北农业大学、北京农业职业学院、北京市农林科学院	堆肥腐殖化过程与调控	*Bioresource Technology*	2019	32
109	Assessment of multiorigin humin components evolution and influencing factors during composting	东北农业大学、依安县农业技术推广中心	堆肥腐殖化过程与调控	*Journal of Agricultural and Food Chemistry*	2019	19
110	Enhanced biotic contributions to the dechlorination of pentachlorophenol by humus respiration from different compostable environments	中国环境科学研究院	堆肥腐殖化过程与调控	*Chemical Engineering Journal*	2019	18
111	Rice rhizodeposition and its utilization by microbial groups depends on N fertilization	中国科学院	根际沉积过程及其对土壤碳氮循环的影响	*Biology and Fertility of Soils*	2017	53
112	Soil microbial communities in cucumber monoculture and rotation systems and their feedback effects on cucumber seedling growth	东北农业大学	根际沉积过程及其对土壤碳氮循环的影响	*Plant and Soil*	2017	53
113	p – Coumaric can alter the composition of cucumber rhizosphere microbial communities and induce negative plant – microbial interactions	东北农业大学	根际沉积过程及其对土壤碳氮循环的影响	*Biology and Fertility of Soils*	2018	42
114	Carbon input and allocation by rice into paddy soils: A review	中国科学院、沈阳农业大学、浙江大学	根际沉积过程及其对土壤碳氮循环的影响	*Soil Biology & Biochemistry*	2019	20

（续表）

序　号	题　名	参与机构	热点前沿名称	期　刊	出版年	被引频次
115	Initial utilization of rhizodeposits with rice growth in paddy soils: Rhizosphere and N fertilization effects	沈阳农业大学、中国科学院	根际沉积过程及其对土壤碳氮循环的影响	*Geoderma*	2019	15
116	Effect of bamboo and rice straw biochars on the mobility and redistribution of heavy metals (Cd, Cu, Pb and Zn) in contaminated soil	浙江农林大学、佛山大学、广东大众农业科技股份有限公司	生物炭对受污染农田土壤的修复及其效应	*Journal of Environmental Management*	2017	217
117	Effect of bamboo and rice straw biochars on the bioavailability of Cd, Cu, Pb and Zn to Sedum plumbizincicola	浙江农林大学、贵州省烟草公司毕节市公司	生物炭对受污染农田土壤的修复及其效应	*Agriculture Ecosystems & Environment*	2014	167
118	Effect of biochar on the extractability of heavy metals (Cd, Cu, Pb, and Zn) and enzyme activity in soil	浙江农林大学、贵州省烟草公司毕节市公司、广东大众农业科技股份有限公司、湖州师范学院	生物炭对受污染农田土壤的修复及其效应	*Environmental Science and Pollution Research*	2016	161
119	Effects of biochar application in forest ecosystems on soil properties and greenhouse gas emissions: A review	浙江农林大学、广东大众农业科技股份有限公司、佛山大学	生物炭对受污染农田土壤的修复及其效应	*Journal of Soils and Sediments*	2018	94
120	Contamination and remediation of phthalic acid esters in agricultural soils in China: A review	浙江农林大学、贵州省烟草公司毕节市公司	生物炭对受污染农田土壤的修复及其效应	*Agronomy for Sustainable Development*	2015	93
121	Unraveling sorption of lead in aqueous solutions by chemically modified biochar derived from coconut fiber: A microscopic and spectroscopic investigation	佛山大学、海南大学、中国科学院、浙江农林大学、广东大众农业科技股份有限公司	生物炭对受污染农田土壤的修复及其效应	*Science of the Total Environment*	2017	90
122	Arsenic removal by perilla leaf biochar in aqueous solutions and groundwater: An integrated spectroscopic and microscopic examination	浙江农林大学、佛山大学	生物炭对受污染农田土壤的修复及其效应	*Environmental Pollution*	2018	89

（续表）

序号	题名	参与机构	热点前沿名称	期刊	出版年	被引频次
123	Immobilization and bioavailability of heavy metals in greenhouse soils amended with rice straw-derived biochar	武汉市农业科学院、中国科学院	生物炭对受污染农田土壤的修复及其效应	*Ecological Engineering*	2017	71
124	Bioavailability of Cd and Zn in soils treated with biochars derived from tobacco stalk and dead pigs	贵州省烟草公司毕节市公司、浙江农林大学、湖州师范学院、广东大众农业科技股份有限公司、宁波市畜牧兽医局	生物炭对受污染农田土壤的修复及其效应	*Journal of Soils and Sediments*	2017	66
125	Wood - based biochar for the removal of potentially toxic elements in water and wastewater: a critical review	佛山大学、浙江农林大学、香港理工大学	生物炭对受污染农田土壤的修复及其效应	*International Materials Reviews*	2019	65
126	Arsenic removal by Japanese oak wood biochar in aqueous solutions and well water: Investigating arsenic fate using integrated spectroscopic and microscopic techniques	韩国大学、浙江农林大学、佛山大学	生物炭对受污染农田土壤的修复及其效应	*Science of the Total Environment*	2018	59
127	Impact of sugarcane bagasse-derived biochar on heavy metal availability and microbial activity: A field study	佛山大学、浙江农林大学、浙江诚邦园林股份有限公司、广东大众农业科技股份有限公司	生物炭对受污染农田土壤的修复及其效应	*Chemosphere*	2018	56
128	A critical review on bioremediation technologies for Cr（VI）-contaminated soils and wastewater	天津大学、浙江农林大学、佛山大学	生物炭对受污染农田土壤的修复及其效应	*Critical Reviews in Environmental Science and Technology*	2019	53
129	The impact of crop residue biochars on silicon and nutrient cycles in croplands	天津大学、浙江农林大学、佛山大学	生物炭对受污染农田土壤的修复及其效应	*Science of the Total Environment*	2019	31
130	A global spectral library to characterize the world's soil	浙江大学	土壤光谱学及其在土壤性质预测中的应用	*Earth-Science Reviews*	2016	195

（续表）

序号	题名	参与机构	热点前沿名称	期刊	出版年	被引频次
131	Comparison of multivariate methods for estimating selected soil properties from intact soil cores of paddy fields by Vis－NIR spectroscopy	中国科学院	土壤光谱学及其在土壤性质预测中的应用	*Geoderma*	2018	48
132	Using the class 1 integron－integrase gene as a proxy for anthropogenic pollution	中国科学院	农田系统抗生素与抗性基因研究	*Isme Journal*	2015	366
133	Metagenomic and network analysis reveal wide distribution and co－occurrence of environmental antibiotic resistance genes	香港大学	农田系统抗生素与抗性基因研究	*Isme Journal*	2015	331
134	Antibiotic resistome and its association with bacterial communities during sewage sludge composting	中国科学院	农田系统抗生素与抗性基因研究	*Environmental Science & Technology*	2015	318
135	Long-term field application of sewage sludge increases the abundance of antibiotic resistance genes in soil	中国科学院、中国农业科学院	农田系统抗生素与抗性基因研究	*Environment International*	2016	245
136	Fate of antibiotic resistance genes in sewage treatment plant revealed by metagenomic approach	香港大学、中山大学	农田系统抗生素与抗性基因研究	*Water Research*	2014	202
137	Bacterial community shift drives antibiotic resistance promotion during drinking water chlorination	南京大学、香港大学	农田系统抗生素与抗性基因研究	*Environmental Science & Technology*	2015	160
138	Impacts of addition of natural zeolite or a nitrification inhibitor on antibiotic resistance genes during sludge composting	中国科学院、西北工业大学	农田系统抗生素与抗性基因研究	*Water Research*	2016	115
139	Variable effects of oxytetracycline on antibiotic resistance gene abundance and the bacterial community during aerobic composting of cow manure	西北农林科技大学	农田系统抗生素与抗性基因研究	*Journal of Hazardous Materials*	2016	87

（续表）

序 号	题 名	参与机构	热点前沿名称	期 刊	出版年	被引频次
140	Diversity, abundance, and persistence of antibiotic resistance genes in various types of animal manure following industrial composting	西北农林科技大学、中国科学院	农田系统抗生素与抗性基因研究	*Journal of Hazardous Materials*	2018	67
141	Aerobic composting reduces antibiotic resistance genes in cattle manure and the resistome dissemination in agricultural soils	四川大学、中国科学院	农田系统抗生素与抗性基因研究	*Science of the Total Environment*	2018	58
142	Ammonia and temperature determine potential clustering in the anaerobic digestion microbiome	根特大学、上海交通大学	沼气发酵微生物群落结构及功能	*Water Research*	2015	137
143	Biochar impacts soil microbial community composition and nitrogen cycling in an acidic soil planted with rape	中国科学院	生物炭对农田土壤生物学过程及温室气体排放的影响	*Environmental Science & Technology*	2014	212
144	Effects of biochar application on soil greenhouse gas fluxes: A meta-analysis	复旦大学、华东师范大学	生物炭对农田土壤生物学过程及温室气体排放的影响	*Global Change Biology Bioenergy*	2017	80
145	Modified QuEChERS combined with ultra high performance liquid chromatography tandem mass spectrometry to determine seven biogenic amines in Chinese traditional condiment soy sauce	华南理工大学	天然食品中生物胺的质谱分析技术研究	*Food Chemistry*	2017	75
146	A novel approach for simultaneous analysis of perchlorate (ClO_4^-) and bromate (BrO_3^-) in fruits and vegetables using modified QuEChERS combined with ultrahigh performance liquid chromatography - tandem mass spectrometry	华南理工大学、广州质量监督检测研究院	天然食品中生物胺的质谱分析技术研究	*Food Chemistry*	2019	47

（续表）

序　号	题　名	参与机构	热点前沿名称	期　刊	出版年	被引频次
147	Authenticity determination of honeys with non-extractable proteins by means of elemental analyzer（EA）and liquid chromatography（LC）coupled to isotope ratio mass spectroscopy（IRMS）	华南理工大学、广州质量监督检测研究院	天然食品中生物胺的质谱分析技术研究	*Food Chemistry*	2018	46
148	Development and comparison of single – step solid phase extraction and QuEChERS clean – up for the analysis of 7 mycotoxins in fruits and vegetables during storage by UHPLC-MS/MS	华南理工大学、广州质量监督检测研究院	天然食品中生物胺的质谱分析技术研究	*Food Chemistry*	2019	38
149	Modified QuEChERS purification and Fe_3O_4 nanoparticle decoloration for robust analysis of 14 heterocyclic aromatic amines and acrylamide in coffee products using UHPLC-MS/MS	广州质量监督检测研究院、仲恺农业工程学院、南京市产品质量监督检验院	天然食品中生物胺的质谱分析技术研究	*Food Chemistry*	2019	20
150	Preparation and characterization of protocatechuic acid grafted chitosan films with antioxidant activity	扬州大学	智能食品包装膜制备技术研究与应用	*Food Hydrocolloids*	2017	68
151	Novel colorimetric films based on starch/polyvinyl alcohol incorporated with roselle anthocyanins for fish freshness monitoring	江苏大学	智能食品包装膜制备技术研究与应用	*Food Hydrocolloids*	2017	65
152	Effect of protocatechuic acid incorporation on the physical, mechanical, structural and antioxidant properties of chitosan film	扬州大学	智能食品包装膜制备技术研究与应用	*Food Hydrocolloids*	2017	64
153	Preparation and characterization of antioxidant and pH – sensitive films based on chitosan and black soybean seed coat extract	扬州大学	智能食品包装膜制备技术研究与应用	*Food Hydrocolloids*	2019	61

（续表）

序　号	题　名	参与机构	热点前沿名称	期　刊	出版年	被引频次
154	Preparation of an intelligent pH film based on biodegradable polymers and roselle anthocyanins for monitoring pork freshness	江苏大学	智能食品包装膜制备技术研究与应用	*Food Chemistry*	2019	57
155	Development of antioxidant and intelligent pH-sensing packaging films by incorporating purple-fleshed sweet potato extract into chitosan matrix	扬州大学	智能食品包装膜制备技术研究与应用	*Food Hydrocolloids*	2019	51
156	A comprehensive review on the application of active packaging technologies to muscle foods	中国海洋大学	智能食品包装膜制备技术研究与应用	*Food Control*	2017	47
157	Preparation and characterization of konjac glucomannan-based bionanocomposite film for active food packaging	福建农林大学、浙江大学	智能食品包装膜制备技术研究与应用	*Food Hydrocolloids*	2019	27
158	A pH and NH3 sensing intelligent film based on Artemisia sphaerocephala Krasch gum and red cabbage anthocyanins anchored by carboxymethyl cellulose sodium added as a host complex	东北林业大学	智能食品包装膜制备技术研究与应用	*Food Hydrocolloids*	2019	23
159	A novel colorimetric indicator based on agar incorporated with Arnebia euchroma root extracts for monitoring fish freshness	武汉大学、荆楚理工学院、上海海洋大学	智能食品包装膜制备技术研究与应用	*Food Hydrocolloids*	2019	19
160	Enhanced functional properties of biopolymer film incorporated with curcurmin-loaded mesoporous silica nanoparticles for food packaging	福建农林大学、浙江大学	智能食品包装膜制备技术研究与应用	*Food Chemistry*	2019	18
161	Recent advances on food-grade particles stabilized Pickering emulsions: Fabrication, characterization and research trends	中国科学院	食品级颗粒的乳化机制及其应用研究	*Trends in Food Science & Technology*	2016	140

（续表）

序　号	题　名	参与机构	热点前沿名称	期　刊	出版年	被引频次
162	Pickering emulsion gels prepared by hydrogen - bonded zein/tannic acid complex colloidal particles	华南理工大学	食品级颗粒的乳化机制及其应用研究	*Journal of Agricultural and Food Chemistry*	2015	130
163	Kafirin nanoparticles-stabilized Pickering emulsions: Microstructure and rheological behavior	武汉理工大学	食品级颗粒的乳化机制及其应用研究	*Food Hydrocolloids*	2016	110
164	Fabrication and characterization of antioxidant Pickering emulsions stabilized by Zein/Chitosan complex particles (ZCPs)	华南理工大学、沈阳师范大学	食品级颗粒的乳化机制及其应用研究	*Journal of Agricultural and Food Chemistry*	2015	103
165	Fabrication and characterization of novel Pickering emulsions and Pickering high internalemulsions stabilized by gliadin colloidal particles	华南理工大学、韶关学院、江西农业大学	食品级颗粒的乳化机制及其应用研究	*Food Hydrocolloids*	2016	91
166	Characterization of Pickering emulsion gels stabilized by zein/gum arabic complex colloidal nanoparticles	中国农业大学	食品级颗粒的乳化机制及其应用研究	*Food Hydrocolloids*	2018	89
167	Development of antioxidant Pickering high internal phase emulsions (HIPEs) stabilized by protein/polysaccharide hybrid particles as potential alternative for PHOs	华南理工大学、江西农业大学	食品级颗粒的乳化机制及其应用研究	*Food Chemistry*	2017	69
168	Coencapsulation of (-) - epigallocatechin-3-gallate and quercetin in Particle-Stabilized W/O/W emulsion gels: Controlled release and bioaccessibility	南昌大学	食品级颗粒的乳化机制及其应用研究	*Journal of Agricultural and Food Chemistry*	2018	39
169	Stability, rheology, and beta- carotene bioaccessibility of high internal phase emulsion gels	南昌大学、江西绿野轩生物科技有限公司	食品级颗粒的乳化机制及其应用研究	*Food Hydrocolloids*	2019	30
170	Edible Pickering emulsions stabilized by ovotransferrin-gum arabic particles	五邑大学	食品级颗粒的乳化机制及其应用研究	*Food Hydrocolloids*	2019	29

（续表）

序 号	题 名	参与机构	热点前沿名称	期 刊	出版年	被引频次
171	Development of stable high internal phase emulsions by pickering stabilization: Utilization of zein-propylene glycol alginate-rhamnolipid complex particles as colloidal emulsifiers	中国农业大学	食品级颗粒的乳化机制及其应用研究	*Food Chemistry*	2019	26
172	Food-grade Pickering emulsions stabilized by ovotransferrin fibrils	浙江省林业科学研究院	食品级颗粒的乳化机制及其应用研究	*Food Hydrocolloids*	2019	25
173	A review of chemical composition and nutritional properties of minor vegetable oils in China	中国农业科学院	智能感官在食品品质评价中的应用	*Trends in Food Science & Technology*	2018	38
174	Comparative evaluation of the volatile profiles and taste properties of roasted coffee beans as affected by drying method and detected by electronic nose, electronic tongue, and HS-SPME-GC-MS	中国热带农业科学院、北京工商大学	智能感官在食品品质评价中的应用	*Food Chemistry*	2019	30
175	Advances in rapid detection methods for foodborne pathogens	武汉工程大学、台湾大学	食源性致病菌快速检测技术研究	*Journal of Microbiology and Biotechnology*	2014	233
176	Current perspectives on viable but non-culturable state in foodborne pathogens	武汉工程大学、台湾大学、浙江大学	食源性致病菌快速检测技术研究	*Frontiers in Microbiology*	2017	66
177	Synthesis of novel nanomaterials and their application in efficient removal of radionuclides	华北电力大学、苏州大学、中国科学院、兰州大学、西南科技大学、华东理工大学、哈尔滨工程大学、中国工程物理研究院	纳米材料制备及其在重金属吸附中的应用	*Science China-Chemistry*	2019	93
178	Graphene oxide-based materials for efficient removal of heavy metal ions from aqueous solution: A review	华北电力大学、燕山大学、浙江师范大学	纳米材料制备及其在重金属吸附中的应用	*Environmental Pollution*	2019	76
179	Two-dimensional MAX-derived titanate nanostructures for efficient removal of Pb (II)	华北电力大学、绍兴文理学院	纳米材料制备及其在重金属吸附中的应用	*Dalton Transactions*	2019	36

（续表）

序　号	题　名	参与机构	热点前沿名称	期　刊	出版年	被引频次
180	Enhanced removal of lead ions from aqueous solution by iron oxide nanomaterials with cobalt and nickel doping	华北电力大学	纳米材料制备及其在重金属吸附中的应用	*Journal of Cleaner Production*	2019	35
181	Efficient removal of Pb^{2+} by Tb-MOFs: Identifying the adsorption mechanism through experimental and theoretical investigations	华北电力大学、中国科学院、中国科技大学	纳米材料制备及其在重金属吸附中的应用	*Environmental Science-Nano*	2019	35
182	Evaluation of the engine performance and exhaust emissions of biodiesel-bioethanol - diesel blends using kernel-based extreme learning machine	台湾成功大学	混合生物柴油转化技术及其利用	*Energy*	2018	67
183	Biodiesel production from Calophyllum inophyllum - Ceiba pentandra oil mixture: Optimization and characterization	台湾宜兰大学	混合生物柴油转化技术及其利用	*Journal of Cleaner Production*	2019	49
184	Sustainability of direct biodiesel synthesis from microalgae biomass: A critical review	台湾成功大学	混合生物柴油转化技术及其利用	*Renewable & Sustainable Energy Reviews*	2019	48
185	Satellite passive microwaves reveal recent climate - induced carbon losses in African drylands	南京大学	基于卫星监测与毫米波传输的土壤水分与营养含量反演技术	*Nature Ecology & Evolution*	2018	51
186	Assessment and inter-comparison of recently developed/ reprocessed microwave satellite soil moisture products using ISMN ground-based measurements	南京大学	基于卫星监测与毫米波传输的土壤水分与营养含量反演技术	*Remote Sensing of Environment*	2019	24
187	Terrestrial laser scanning in forest inventories	国际竹藤中心	基于激光传感器地面覆盖生物量评估技术	*Isprs Journal of Photogrammetry and Remote Sensing*	2016	218
188	International benchmarking of terrestrial laser scanning approaches for forest inventories	中国科学院、中国林业科学研究院、武汉大学、南京大学	基于激光传感器地面覆盖生物量评估技术	*Isprs Journal of Photogrammetry and Remote Sensing*	2018	58

（续表）

序 号	题 名	参与机构	热点前沿名称	期 刊	出版年	被引频次
189	Is field - measured tree height as reliable as believed A comparison study of tree height estimates from field measurement, airborne laser scanning and terrestrial laser scanning in a boreal forest	武汉大学	基于激光传感器地面覆盖生物量评估技术	*Isprs Journal of Photogrammetry and Remote Sensing*	2019	38
190	Industrial technologies for bioethanol production from lignocellulosic biomass	中国科学院	秸秆燃料乙醇转化关键技术	*Renewable & Sustainable Energy Reviews*	2016	87
191	Combining UAV - based plant height from crop surface models, visible, and near infrared vegetation indices for biomass monitoring in barley	中国农业大学	农用无人机近地作物表型信息获取技术及其应用	*International Journal of Applied Earth Observation and Geoinformation*	2015	267
192	Estimating biomass of barley using crop surface models (CSMs) derived from UAV-based RGB Imaging	中国农业大学	农用无人机近地作物表型信息获取技术及其应用	*Remote Sensing*	2014	219
193	Drone remote sensing for forestry research and practices	中国科学院	农用无人机近地作物表型信息获取技术及其应用	*Journal of Forestry Research*	2015	136
194	Unmanned aerial vehicle remote sensing for field - based crop phenotyping: current status and perspectives	北京市农林科学院、江苏里下河地区农业科学研究所、南京农业大学	农用无人机近地作物表型信息获取技术及其应用	*Frontiers in Plant Science*	2017	131
195	Predicting grain yield in rice using multi - temporal vegetation indices from UAV - based multispectral and digital imagery	南京农业大学	农用无人机近地作物表型信息获取技术及其应用	*Isprs Journal of Photogrammetry and Remote Sensing*	2017	95
196	Estimation of winter wheat above - ground biomass using unmanned aerial vehicle - based snapshot hyper spectral sensor and crop height improved models	北京市农林科学院、南京大学、河南理工大学	农用无人机近地作物表型信息获取技术及其应用	*Remote Sensing*	2017	78
197	Dynamic monitoring of NDVI in wheat agronomy and breeding trials using an unmanned aerial vehicle	中国农业大学	农用无人机近地作物表型信息获取技术及其应用	*Field Crops Research*	2017	63

（续表）

序　号	题　名	参与机构	热点前沿名称	期　刊	出版年	被引频次
198	Modeling maize above-ground biomass based on machine learning approaches using UAV remote-sensing data	北京市农林科学院、山西大同大学、中国矿业大学	农用无人机近地作物表型信息获取技术及其应用	*Plant Methods*	2019	32
199	A rapid monitoring of NDVI across the wheat growth cycle for grain yield prediction using a multi-spectral UAV platform	中国农业科学院、新疆农业大学、北京市农林科学院、中国农业科学院	农用无人机近地作物表型信息获取技术及其应用	*Plant Science*	2019	26
200	Production of gamma-valerolactone from lignocellulosic biomass for sustainable fuels and chemicals supply	厦门大学、淮阴师范学院、河南省科学院	生物基平台化合物炼制技术及应用	*Renewable & Sustainable Energy Reviews*	2014	132
201	Microalgae - A promising tool for heavy metal remediation	高雄医学大学、台湾中山大学	土壤重金属生物修复关键技术及应用	*Ecotoxicology and Environmental Safety*	2015	244
202	Typical lignocellulosic wastes and by-products for biosorption process in water and wastewater treatment: A critical review	台北科技大学、台湾大学	土壤重金属生物修复关键技术及应用	*Bioresource Technology*	2014	188
203	How mangrove forests adjust to rising sea level	厦门大学	气候变化对红树林生态系统的影响	*New Phytologist*	2014	207
204	Dietary supplementation of probiotic Bacillus licheniformis Dahb1 improves growth performance, mucus and serum immune parameters, antioxidant enzyme activity as well as resistance against Aeromonas hydrophila in tilapia Oreochromis mossambicus	台湾海洋大学	饲料添加剂对水产养殖动物免疫和抗病性的影响	*Fish & Shellfish Immunology*	2018	67
205	Dietary administration of Bacillus subtilis HAINUP40 enhances growth, digestive enzyme activities, innate immune responses and disease resistance of tilapia, Oreochromis niloticus	海南大学	饲料添加剂对水产养殖动物免疫和抗病性的影响	*Fish & Shellfish Immunology*	2017	60

（续表）

序号	题名	参与机构	热点前沿名称	期刊	出版年	被引频次
206	Substituting fish meal with soybean meal in diets for Japanese seabass (*Lateolabrax japonicus*): Effects on growth, digestive enzymes activity, gut histology, and expression of gut inflammatory and transporter genes	集美大学、青岛海洋大学	饲料添加剂对水产养殖动物免疫和抗病性的影响	*Aquaculture*	2018	59
207	Probiotic potential of *Bacillus velezensis* JW: Antimicrobial activity against fish pathogenic bacteria and immune enhancement effects on *Carassius auratus*	西北农林科技大学	饲料添加剂对水产养殖动物免疫和抗病性的影响	*Fish & Shellfish Immunology*	2018	42
208	The organophosphorus pesticides in soil was degradated by Rhodobacter sphaeroides after wastewater treatment	东北农业大学、大连民族大学、中山大学、中国科学院	饲料添加剂对水产养殖动物免疫和抗病性的影响	*Biochemical Engineering Journal*	2019	21
209	Rhodopseudomonas palustris wastewater treatment: Cyhalofop - butyl removal, biochemicals production and mathematical model establishment	大连民族大学、东北农业大学、中山大学、中国科学院	饲料添加剂对水产养殖动物免疫和抗病性的影响	*Bioresource Technology*	2019	21
210	Effects of dietary dosage forms of copper supplementation on growth, antioxidant capacity, innate immunity enzyme activities and gene expressions for juvenile Litopenaeus vannamei	宁波大学	饲料添加剂对水产养殖动物免疫和抗病性的影响	*Fish & Shellfish Immunology*	2019	15
211	Feasibility of cultivation of Spinibarbus sinensis with coconut oil and its effect on disease resistance (nonspecific immunity, antioxidation and mTOR and NF - kB signaling pathways)	大连民族大学、东北农业大学、中山大学	饲料添加剂对水产养殖动物免疫和抗病性的影响	*Fish & Shellfish Immunology*	2019	12

（续表）

序　号	题　名	参与机构	热点前沿名称	期　刊	出版年	被引频次
212	Scallop genome provides insights into evolution of bilaterian karyotype and development	中国海洋大学、青岛海洋科学与技术试点国家实验室、北京诺禾致源生物信息科技有限公司、中国科学院、大连獐子岛集团股份有限公司、辽宁省海洋水产科学研究院、中国水产科学院	基于基因组学的软体动物适应性进化解析	*Nature Ecology & Evolution*	2017	116
213	Adaptation to deep - sea chemosynthetic environments as revealed by mussel genomes	香港科技大学、香港浸会大学、深圳大学、中国科学院、香港中文大学	基于基因组学的软体动物适应性进化解析	*Nature Ecology & Evolution*	2017	85

附录Ⅱ 主要分析十国在农业八大学科领域各热点前沿中的国家表现力指数指标得分及排名

附表Ⅱ-1 主要分析十国在作物学科领域各热点前沿表现力指数及分指标得分与排名

研究热点或前沿名称	指标体系	指标名称	项目	中国	美国	德国	英国	日本	法国	印度	澳大利亚	加拿大	意大利
研究前沿：作物单碱基编辑技术及其在分子精准育种中的应用	一级指标	国家表现力	得分	3.38	2.03	0.20	0.06	0.31	0.08	0.13	0.05	0.04	0.03
			排名	1	2	5	8	3	7	6	9	10	11
	二级指标	国家贡献度	得分	0.94	0.54	0.03	0.02	0.12	0.02	0.03	0.01	0.01	0.01
			排名	1	2	5	7	4	7	5	9	9	9
	三级指标	国家基础贡献度	得分	0.70	0.40	0.00	0.00	0.10	0.00	0.00	0.00	0.00	0.00
			排名	1	2	5	5	3	5	5	5	5	5
		国家潜在贡献度	得分	0.24	0.14	0.03	0.02	0.02	0.02	0.03	0.01	0.01	0.01
			排名	1	2	3	6	6	6	3	9	9	9
	二级指标	国家影响度	得分	1.26	0.96	0.12	0.02	0.07	0.04	0.05	0.03	0.00	0.01
			排名	1	2	4	9	5	7	6	8	13	11
	三级指标	国家基础影响度	得分	0.71	0.43	0.00	0.00	0.05	0.00	0.00	0.00	0.00	0.00
			排名	1	2	5	5	4	5	5	5	5	5
		国家潜在影响度	得分	0.55	0.53	0.12	0.02	0.02	0.04	0.05	0.03	0.00	0.01
			排名	1	2	3	8	8	6	5	7	13	11
	二级指标	国家引领度	得分	1.18	0.53	0.05	0.03	0.13	0.03	0.05	0.01	0.02	0.01
			排名	1	2	4	6	3	6	4	9	8	9
	三级指标	国家基础引领度	得分	0.70	0.30	0.00	0.00	0.10	0.00	0.00	0.00	0.00	0.00
			排名	1	2	4	4	3	4	4	4	4	4
		国家潜在引领度	得分	0.48	0.23	0.05	0.03	0.03	0.03	0.05	0.01	0.02	0.01
			排名	1	2	3	5	5	5	3	9	8	9

（续表）

研究热点或前沿名称	指标体系	指标名称	项目	中国	美国	德国	英国	日本	法国	印度	澳大利亚	加拿大	意大利
研究热点：植物基因转录与选择性剪切机制	一级指标	国家表现力	得分	5.34	2.22	0.03	0.48	0.00	0.00	0.01	0.11	0.06	0.01
			排名	1	2	6	3	18	18	13	4	5	13
	二级指标	国家贡献度	得分	1.69	0.76	0.01	0.22	0.00	0.00	0.01	0.02	0.02	0.00
			排名	1	2	6	3	14	14	6	4	4	14
	三级指标	国家基础贡献度	得分	1.00	0.60	0.00	0.20	0.00	0.00	0.00	0.00	0.00	0.00
			排名	1	2	4	3	4	4	4	4	4	4
		国家潜在贡献度	得分	0.69	0.16	0.01	0.02	0.00	0.00	0.01	0.02	0.02	0.00
			排名	1	2	6	3	14	14	6	3	3	14
	二级指标	国家影响度	得分	1.79	1.18	0.02	0.26	0.00	0.00	0.00	0.07	0.04	0.00
			排名	1	2	6	3	11	11	11	4	5	11
	三级指标	国家基础影响度	得分	1.00	0.79	0.00	0.16	0.00	0.00	0.00	0.00	0.00	0.00
			排名	1	2	4	3	4	4	4	4	4	4
		国家潜在影响度	得分	0.79	0.39	0.02	0.10	null	0.00	0.00	0.07	0.04	0.00
			排名	1	2	6	3	57	11	11	4	5	11
	二级指标	国家引领度	得分	1.87	0.29	0.00	0.01	0.00	0.00	0.00	0.02	0.00	0.00
			排名	1	2	7	4	7	7	7	3	7	7
	三级指标	国家基础引领度	得分	1.00	0.20	0.00	0.00	0.00	0.00	0.00	0.00	0.00	0.00
			排名	1	2	3	3	3	3	3	3	3	3
		国家潜在引领度	得分	0.87	0.09	0.00	0.01	0.00	0.00	0.00	0.02	0.00	0.00
			排名	1	2	7	4	7	7	7	3	7	7
研究热点：作物对重金属的耐受及解毒措施	一级指标	国家表现力	得分	1.51	0.19	0.47	0.04	0.03	0.68	0.28	0.13	0.05	0.06
			排名	2	11	5	18	22	4	9	12	17	16
	二级指标	国家贡献度	得分	0.47	0.05	0.19	0.01	0.01	0.18	0.11	0.03	0.01	0.02
			排名	2	11	5	17	17	6	10	12	17	16
	三级指标	国家基础贡献度	得分	0.17	0.00	0.17	0.00	0.00	0.17	0.06	0.00	0.00	0.00
			排名	3	11	3	11	11	3	10	11	11	11
		国家潜在贡献度	得分	0.31	0.05	0.02	0.01	0.01	0.02	0.05	0.03	0.01	0.02
			排名	1	3	11	14	14	11	3	7	14	11
	二级指标	国家影响度	得分	0.58	0.10	0.27	0.02	0.02	0.37	0.11	0.09	0.03	0.02
			排名	3	11	5	17	17	4	10	12	14	17
	三级指标	国家基础影响度	得分	0.14	0.00	0.16	0.00	0.00	0.30	0.01	0.00	0.00	0.00
			排名	7	11	6	11	11	3	10	11	11	11
		国家潜在影响度	得分	0.44	0.10	0.11	0.02	0.02	0.07	0.10	0.09	0.03	0.02
			排名	1	5	4	17	17	8	5	7	12	17
	二级指标	国家引领度	得分	0.46	0.03	0.01	0.00	0.01	0.13	0.06	0.01	0.01	0.02
			排名	2	7	10	22	10	3	4	10	10	8
	三级指标	国家基础引领度	得分	0.00	0.00	0.00	0.00	0.00	0.11	0.00	0.00	0.00	0.00
			排名	3	3	3	3	3	2	3	3	3	3
		国家潜在引领度	得分	0.46	0.03	0.01	0.00	0.01	0.02	0.06	0.01	0.01	0.02
			排名	1	6	10	22	10	7	3	10	10	7

（续表）

研究热点或前沿名称	指标体系	指标名称	项目	中国	美国	德国	英国	日本	法国	印度	澳大利亚	加拿大	意大利
研究热点：基于多组学和功能基因研究解析茶叶品质的形成机理	一级指标	国家表现力	得分	5.27	0.99	0.04	0.02	0.16	0.02	0.08	0.01	0.15	0.04
			排名	1	2	7	10	4	10	6	17	5	7
	二级指标	国家贡献度	得分	1.54	0.24	0.02	0.01	0.10	0.01	0.02	0.01	0.09	0.01
			排名	1	2	6	8	3	8	6	8	4	8
	三级指标	国家基础贡献度	得分	1.00	0.17	0.00	0.00	0.08	0.00	0.00	0.00	0.08	0.00
			排名	1	2	6	6	3	6	6	6	3	6
		国家潜在贡献度	得分	0.54	0.07	0.02	0.01	0.01	0.01	0.02	0.01	0.01	0.01
			排名	1	2	3	5	5	5	3	5	5	5
	二级指标	国家影响度	得分	1.87	0.62	0.02	0.01	0.04	0.02	0.03	0.01	0.05	0.03
			排名	1	2	8	11	5	8	6	11	4	6
	三级指标	国家基础影响度	得分	1.00	0.40	0.00	0.00	0.03	0.00	0.00	0.00	0.03	0.00
			排名	1	2	6	6	4	6	6	6	4	6
		国家潜在影响度	得分	0.87	0.22	0.02	0.01	0.02	0.02	0.03	0.01	0.02	0.03
			排名	1	2	6	11	6	6	4	11	6	4
	二级指标	国家引领度	得分	1.86	0.13	0.01	0.00	0.02	0.00	0.03	0.00	0.01	0.01
			排名	1	2	5	12	4	12	3	12	5	5
	三级指标	国家基础引领度	得分	1.00	0.08	0.00	0.00	0.00	0.00	0.00	0.00	0.00	0.00
			排名	1	2	3	3	3	3	3	3	3	3
		国家潜在引领度	得分	0.86	0.05	0.01	0.00	0.02	0.00	0.03	0.00	0.01	0.01
			排名	1	2	5	12	4	12	3	12	5	5
研究热点：水稻粒型的分子调控机制	一级指标	国家表现力	得分	4.61	0.70	0.17	0.09	0.42	0.04	0.19	0.12	0.04	0.03
			排名	1	2	6	9	3	11	5	8	11	14
	二级指标	国家贡献度	得分	1.34	0.24	0.07	0.02	0.12	0.01	0.07	0.03	0.01	0.01
			排名	1	2	4	10	3	11	4	9	11	11
	三级指标	国家基础贡献度	得分	0.95	0.14	0.05	0.00	0.10	0.00	0.05	0.00	0.00	0.00
			排名	1	2	4	9	3	9	4	9	9	9
		国家潜在贡献度	得分	0.39	0.09	0.02	0.02	0.03	0.01	0.03	0.03	0.01	0.01
			排名	1	2	6	6	3	8	3	3	8	8
	二级指标	国家影响度	得分	1.64	0.26	0.08	0.06	0.20	0.02	0.08	0.07	0.02	0.01
			排名	1	2	5	8	3	11	5	7	11	15
	三级指标	国家基础影响度	得分	0.90	0.06	0.03	0.00	0.13	0.00	0.02	0.00	0.00	0.00
			排名	1	4	5	9	2	9	8	9	9	9
		国家潜在影响度	得分	0.74	0.20	0.05	0.06	0.07	0.02	0.05	0.07	0.02	0.01
			排名	1	2	6	5	3	8	6	3	8	14
	二级指标	国家引领度	得分	1.62	0.20	0.02	0.02	0.09	0.01	0.04	0.03	0.01	0.01
			排名	1	2	7	7	3	9	5	6	9	9
	三级指标	国家基础引领度	得分	0.95	0.10	0.00	0.00	0.05	0.00	0.00	0.00	0.00	0.00
			排名	1	2	5	5	3	5	5	5	5	5
		国家潜在引领度	得分	0.67	0.10	0.02	0.02	0.04	0.01	0.04	0.03	0.01	0.01
			排名	1	2	6	6	3	8	3	5	8	8

（续表）

研究热点或前沿名称	指标体系	指标名称	项目	中国	美国	德国	英国	日本	法国	印度	澳大利亚	加拿大	意大利
研究热点：根系解剖结构和根系构型精准优化机制	一级指标	国家表现力	得分	1.00	3.95	1.31	0.34	0.08	0.13	0.12	0.27	0.03	0.11
			排名	3	1	2	4	12	6	8	5	21	9
	二级指标	国家贡献度	得分	0.39	1.22	0.52	0.09	0.02	0.04	0.03	0.10	0.02	0.03
			排名	3	1	2	5	12	6	8	4	12	8
	三级指标	国家基础贡献度	得分	0.20	1.00	0.40	0.00	0.00	0.00	0.00	0.00	0.00	0.00
			排名	3	1	2	4	4	4	4	4	4	4
		国家潜在贡献度	得分	0.19	0.22	0.12	0.09	0.02	0.04	0.03	0.10	0.02	0.03
			排名	2	1	3	5	12	6	8	4	12	8
	二级指标	国家影响度	得分	0.39	1.51	0.67	0.21	0.04	0.05	0.06	0.10	0.01	0.05
			排名	3	1	2	4	10	8	6	5	22	8
	三级指标	国家基础影响度	得分	0.16	1.00	0.46	0.00	0.00	0.00	0.00	0.00	0.00	0.00
			排名	3	1	2	4	4	4	4	4	4	4
		国家潜在影响度	得分	0.23	0.51	0.21	0.21	0.04	0.05	0.06	0.10	0.01	0.05
			排名	2	1	3	3	10	8	6	5	22	8
	二级指标	国家引领度	得分	0.21	1.22	0.12	0.04	0.02	0.04	0.03	0.06	0.01	0.03
			排名	2	1	3	5	11	5	8	4	15	8
	三级指标	国家基础引领度	得分	0.00	1.00	0.00	0.00	0.00	0.00	0.00	0.00	0.00	0.00
			排名	2	1	2	2	2	2	2	2	2	2
		国家潜在引领度	得分	0.21	0.22	0.12	0.04	0.02	0.04	0.03	0.06	0.01	0.03
			排名	2	1	3	5	11	5	8	4	15	8

附表Ⅱ-2　主要分析十国在植物保护学科领域各热点前沿表现力指数及分指标得分与排名

研究热点或前沿名称	指标体系	指标名称	项目	美国	中国	意大利	法国	德国	英国	加拿大	澳大利亚	日本	印度
研究前沿：分子对接等技术在新农药设计及活性结构改造中的应用	一级指标	国家表现力	得分	0.61	5.36	0.00	0.00	0.01	0.01	0.00	0.00	0.00	0.01
			排名	2	1	18	18	8	8	18	18	18	8
	二级指标	国家贡献度	得分	0.15	1.53	0.00	0.00	0.00	0.00	0.00	0.00	0.00	0.00
			排名	2	1	9	9	9	9	9	9	9	9
	三级指标	国家基础贡献度	得分	0.13	1.00	0.00	0.00	0.00	0.00	0.00	0.00	0.00	0.00
			排名	2	1	3	3	3	3	3	3	3	3
		国家潜在贡献度	得分	0.03	0.53	0.00	0.00	0.00	0.00	0.00	0.00	0.00	0.00
			排名	2	1	9	9	9	9	9	9	9	9
	二级指标	国家影响度	得分	0.30	1.96	0.00	0.00	0.00	0.01	0.00	0.00	0.00	0.00
			排名	2	1	7	7	7	4	7	7	7	7
	三级指标	国家基础影响度	得分	0.22	1.00	0.00	0.00	0.00	0.00	0.00	0.00	0.00	0.00
			排名	2	1	3	3	3	3	3	3	3	3
		国家潜在影响度	得分	0.08	0.96	0.00	0.00	0.00	0.01	0.00	0.00	0.00	0.00
			排名	2	1	63	180	7	4	168	31	53	7
	二级指标	国家引领度	得分	0.16	1.88	0.00	0.00	0.01	0.00	0.00	0.00	0.00	0.01
			排名	2	1	14	14	5	14	14	14	14	5
	三级指标	国家基础引领度	得分	0.13	1.00	0.00	0.00	0.00	0.00	0.00	0.00	0.00	0.00
			排名	2	1	3	3	3	3	3	3	3	3
		国家潜在引领度	得分	0.04	0.88	0.00	0.00	0.01	0.00	0.00	0.00	0.00	0.01
			排名	2	1	14	14	5	14	14	14	14	5

（续表）

研究热点或前沿名称	指标体系	指标名称	项目	美国	中国	意大利	法国	德国	英国	加拿大	澳大利亚	日本	印度
研究热点：柑橘黄龙病菌的传播途径及其对果树的危害	一级指标	国家表现力	得分	2.09	0.11	2.32	0.90	0.09	0.08	0.04	0.02	0.01	0.00
			排名	2	6	1	3	7	8	11	14	18	33
	二级指标	国家贡献度	得分	0.62	0.03	0.70	0.31	0.02	0.02	0.01	0.00	0.00	0.00
			排名	2	6	1	3	7	7	10	13	13	13
	三级指标	国家基础贡献度	得分	0.42	0.00	0.50	0.25	0.00	0.00	0.00	0.00	0.00	0.00
			排名	2	5	1	3	5	5	5	5	5	5
		国家潜在贡献度	得分	0.20	0.03	0.20	0.06	0.02	0.02	0.01	0.00	0.00	0.00
			排名	1	6	1	4	7	7	10	13	13	13
	二级指标	国家影响度	得分	0.96	0.04	0.92	0.33	0.05	0.04	0.03	0.01	0.00	0.00
			排名	1	7	2	3	6	7	10	14	21	21
	三级指标	国家基础影响度	得分	0.55	0.00	0.46	0.20	0.00	0.00	0.00	0.00	0.00	0.00
			排名	1	5	2	3	5	5	5	5	5	5
		国家潜在影响度	得分	0.41	0.04	0.45	0.13	0.05	0.04	0.03	0.01	0.00	0.00
			排名	2	7	1	3	6	7	10	14	21	111
	二级指标	国家引领度	得分	0.52	0.03	0.71	0.25	0.02	0.01	0.00	0.00	0.00	0.00
			排名	2	6	1	3	7	8	11	11	11	11
	三级指标	国家基础引领度	得分	0.25	0.00	0.42	0.17	0.00	0.00	0.00	0.00	0.00	0.00
			排名	2	5	1	3	5	5	5	5	5	5
		国家潜在引领度	得分	0.27	0.03	0.29	0.09	0.02	0.01	0.00	0.00	0.00	0.00
			排名	2	6	1	4	7	8	11	11	11	11
研究热点：疫霉病菌对主要园林植物的危害及其防治	一级指标	国家表现力	得分	1.48	0.14	1.47	0.78	1.74	1.26	0.13	1.79	0.01	0.01
			排名	3	27	4	8	2	5	28	1	40	40
	二级指标	国家贡献度	得分	0.58	0.04	0.53	0.23	0.51	0.51	0.02	0.56	0.01	0.00
			排名	1	28	3	10	4	4	29	2	30	43
	三级指标	国家基础贡献度	得分	0.40	0.00	0.40	0.20	0.40	0.40	0.00	0.40	0.00	0.00
			排名	1	26	1	6	1	1	26	1	26	26
		国家潜在贡献度	得分	0.18	0.04	0.13	0.03	0.11	0.11	0.02	0.16	0.01	0.00
			排名	1	12	4	13	5	5	16	3	24	40
	二级指标	国家影响度	得分	0.56	0.07	0.83	0.54	0.78	0.71	0.10	0.68	0.00	0.00
			排名	6	31	1	8	2	3	28	4	37	37
	三级指标	国家基础影响度	得分	0.22	0.00	0.54	0.42	0.54	0.54	0.00	0.36	0.00	0.00
			排名	22	25	1	4	1	1	25	21	25	25
		国家潜在影响度	得分	0.34	0.07	0.29	0.12	0.24	0.17	0.10	0.32	0.00	0.00
			排名	1	17	3	8	4	6	11	2	33	33
	二级指标	国家引领度	得分	0.34	0.03	0.11	0.01	0.45	0.05	0.01	0.55	0.01	0.01
			排名	3	8	6	13	2	7	13	1	13	13
	三级指标	国家基础引领度	得分	0.20	0.00	0.00	0.00	0.40	0.00	0.00	0.40	0.00	0.00
			排名	3	5	5	5	1	5	5	1	5	5
		国家潜在引领度	得分	0.14	0.03	0.11	0.01	0.05	0.05	0.01	0.15	0.01	0.01
			排名	3	7	4	13	5	5	13	2	13	13

（续表）

研究热点或前沿名称	指标体系	指标名称	项　目	美　国	中　国	意大利	法　国	德　国	英　国	加拿大	澳大利亚	日　本	印　度
研究热点：番茄潜叶蛾的传播及综合治理	一级指标	国家表现力	得分	0.93	2.05	1.18	1.73	0.48	0.18	0.22	0.08	0.04	0.13
			排名	5	1	4	3	8	14	13	26	29	17
	二级指标	国家贡献度	得分	0.31	0.67	0.40	0.66	0.19	0.08	0.07	0.02	0.01	0.07
			排名	6	1	4	2	7	12	14	28	29	14
	三级指标	国家基础贡献度	得分	0.24	0.47	0.35	0.59	0.18	0.06	0.06	0.00	0.00	0.06
			排名	6	2	4	1	7	11	11	28	28	11
		国家潜在贡献度	得分	0.08	0.20	0.05	0.07	0.02	0.02	0.02	0.02	0.01	0.02
			排名	3	1	5	4	10	10	10	10	16	10
	二级指标	国家影响度	得分	0.54	0.72	0.50	0.86	0.21	0.09	0.13	0.04	0.01	0.04
			排名	4	3	5	2	8	12	10	22	31	22
	三级指标	国家基础影响度	得分	0.34	0.39	0.34	0.60	0.14	0.04	0.11	0.00	0.00	0.02
			排名	4	3	4	1	8	12	10	28	28	21
		国家潜在影响度	得分	0.20	0.34	0.16	0.26	0.07	0.04	0.02	0.04	0.01	0.02
			排名	4	1	5	3	7	10	16	10	21	16
	二级指标	国家引领度	得分	0.07	0.66	0.28	0.22	0.07	0.02	0.02	0.02	0.01	0.02
			排名	8	1	3	4	8	11	11	11	17	11
	三级指标	国家基础引领度	得分	0.00	0.35	0.24	0.18	0.06	0.00	0.00	0.00	0.00	0.00
			排名	8	1	2	3	7	8	8	8	8	8
		国家潜在引领度	得分	0.07	0.30	0.04	0.04	0.02	0.02	0.02	0.02	0.01	0.02
			排名	4	1	5	5	9	9	9	9	17	9
研究热点：植物双生病毒的分类、传播机理及综合防治	一级指标	国家表现力	得分	3.19	0.50	0.03	1.14	0.08	0.05	0.04	0.10	0.53	0.68
			排名	1	11	25	7	17	18	21	16	10	9
	二级指标	国家贡献度	得分	1.03	0.25	0.01	0.55	0.02	0.03	0.01	0.03	0.20	0.24
			排名	1	9	20	7	18	16	20	16	11	10
	三级指标	国家基础贡献度	得分	0.83	0.17	0.00	0.50	0.00	0.00	0.00	0.00	0.17	0.17
			排名	1	9	16	7	16	16	16	16	9	9
		国家潜在贡献度	得分	0.20	0.08	0.01	0.05	0.02	0.03	0.01	0.03	0.03	0.08
			排名	1	2	17	8	14	9	17	9	9	2
	二级指标	国家影响度	得分	1.48	0.15	0.01	0.55	0.04	0.02	0.02	0.05	0.29	0.33
			排名	1	12	23	8	17	19	19	16	10	9
	三级指标	国家基础影响度	得分	0.94	0.04	0.00	0.30	0.00	0.00	0.00	0.00	0.26	0.26
			排名	1	12	16	8	16	16	16	16	9	9
		国家潜在影响度	得分	0.54	0.10	0.01	0.24	0.04	0.02	0.02	0.05	0.03	0.07
			排名	1	9	23	3	12	16	16	11	13	10
	二级指标	国家引领度	得分	0.68	0.10	0.01	0.05	0.02	0.01	0.01	0.02	0.04	0.10
			排名	1	3	15	7	9	15	15	9	8	3
	三级指标	国家基础引领度	得分	0.50	0.00	0.00	0.00	0.00	0.00	0.00	0.00	0.00	0.00
			排名	1	3	3	3	3	3	3	3	3	3
		国家潜在引领度	得分	0.18	0.10	0.01	0.05	0.02	0.01	0.01	0.02	0.04	0.10
			排名	1	2	15	7	9	15	15	9	8	2

（续表）

研究热点或前沿名称	指标体系	指标名称	项目	美国	中国	意大利	法国	德国	英国	加拿大	澳大利亚	日本	印度
研究热点：入侵害虫斑翅果蝇的生物学特征及其防治	一级指标	国家表现力	得分	3.15	0.50	1.35	0.84	0.38	0.20	0.15	0.03	0.27	0.00
			排名	1	4	2	3	8	13	14	19	10	35
	二级指标	国家贡献度	得分	0.85	0.10	0.39	0.22	0.06	0.05	0.02	0.01	0.04	0.00
			排名	1	5	2	3	10	11	16	17	13	19
	三级指标	国家基础贡献度	得分	0.73	0.08	0.35	0.19	0.04	0.04	0.00	0.00	0.04	0.00
			排名	1	5	2	3	10	10	16	16	10	16
		国家潜在贡献度	得分	0.11	0.02	0.05	0.03	0.02	0.02	0.02	0.01	0.00	0.00
			排名	1	5	2	3	5	5	5	10	16	16
	二级指标	国家影响度	得分	1.29	0.32	0.77	0.52	0.27	0.11	0.07	0.01	0.22	0.00
			排名	1	4	2	3	6	13	14	20	8	28
	三级指标	国家基础影响度	得分	0.74	0.21	0.44	0.31	0.16	0.05	0.00	0.00	0.16	0.00
			排名	1	4	2	3	7	13	16	16	7	16
		国家潜在影响度	得分	0.56	0.11	0.33	0.20	0.11	0.06	0.07	0.01	0.06	0.00
			排名	1	4	2	3	4	11	9	20	11	28
	二级指标	国家引领度	得分	1.01	0.09	0.18	0.10	0.05	0.03	0.06	0.01	0.01	0.00
			排名	1	6	2	5	8	10	7	13	13	22
	三级指标	国家基础引领度	得分	0.65	0.04	0.08	0.04	0.00	0.00	0.00	0.00	0.00	0.00
			排名	1	5	3	5	8	8	8	8	8	8
		国家潜在引领度	得分	0.36	0.05	0.11	0.06	0.05	0.03	0.06	0.01	0.01	0.00
			排名	1	6	2	4	6	9	4	12	12	22
研究热点：新烟碱杀虫剂的环境污染与健康危害	一级指标	国家表现力	得分	1.93	0.37	0.63	0.97	1.20	1.31	2.19	0.35	0.07	0.03
			排名	2	13	8	6	5	3	1	14	18	22
	二级指标	国家贡献度	得分	0.62	0.09	0.21	0.31	0.41	0.41	0.79	0.11	0.02	0.01
			排名	2	14	8	6	3	3	1	13	15	19
	三级指标	国家基础贡献度	得分	0.45	0.00	0.18	0.27	0.36	0.36	0.73	0.09	0.00	0.00
			排名	2	14	8	6	3	3	1	13	14	14
		国家潜在贡献度	得分	0.17	0.09	0.02	0.04	0.04	0.05	0.06	0.02	0.02	0.01
			排名	1	2	7	5	5	4	3	7	7	15
	二级指标	国家影响度	得分	0.88	0.13	0.40	0.52	0.74	0.75	0.96	0.22	0.03	0.01
			排名	2	14	8	6	4	3	1	13	18	23
	三级指标	国家基础影响度	得分	0.54	0.00	0.31	0.42	0.56	0.50	0.76	0.13	0.00	0.00
			排名	3	14	8	6	2	5	1	13	14	14
		国家潜在影响度	得分	0.34	0.13	0.08	0.10	0.19	0.25	0.19	0.09	0.03	0.01
			排名	1	5	9	7	3	2	3	8	16	23
	二级指标	国家引领度	得分	0.43	0.15	0.03	0.13	0.05	0.15	0.45	0.02	0.02	0.02
			排名	2	4	10	6	8	4	1	12	12	12
	三级指标	国家基础引领度	得分	0.18	0.00	0.00	0.09	0.00	0.09	0.36	0.00	0.00	0.00
			排名	2	7	7	4	7	4	1	7	7	7
		国家潜在引领度	得分	0.25	0.15	0.03	0.04	0.05	0.06	0.09	0.02	0.02	0.02
			排名	1	2	8	6	5	4	3	10	10	10

附表Ⅱ-3　主要分析十国在畜牧兽医学科领域各热点前沿表现力指数及分指标得分与排名

研究热点或前沿名称	指标体系	指标名称	项目	中国	美国	英国	印度	澳大利亚	加拿大	德国	意大利	日本	法国
研究热点：畜禽生长和繁殖性状的分子机制	一级指标	国家表现力	得分	5.52	0.00	0.00	0.00	0.00	0.00	0.00	0.00	0.00	0.00
			排名	1	4	4	4	4	4	4	4	4	4
	二级指标	国家贡献度	得分	1.55	0.00	0.00	0.00	0.00	0.00	0.00	0.00	0.00	0.00
			排名	1	4	4	4	4	4	4	4	4	4
	三级指标	国家基础贡献度	得分	1.00	0.00	0.00	0.00	0.00	0.00	0.00	0.00	0.00	0.00
			排名	1	2	2	2	2	2	2	2	2	2
		国家潜在贡献度	得分	0.55	0.00	0.00	0.00	0.00	0.00	0.00	0.00	0.00	0.00
			排名	1	4	4	4	4	4	4	4	4	4
	二级指标	国家影响度	得分	1.99	0.00	0.00	0.00	0.00	0.00	0.00	0.00	0.00	0.00
			排名	1	4	4	4	4	4	4	4	4	4
	三级指标	国家基础影响度	得分	1.00	0.00	0.00	0.00	0.00	0.00	0.00	0.00	0.00	0.00
			排名	1	2	2	2	2	2	2	2	2	2
		国家潜在影响度	得分	0.99	0.00	0.00	0.00	0.00	0.00	0.00	0.00	0.00	0.00
			排名	1	149	174	86	16	165	56	51	39	179
	二级指标	国家引领度	得分	1.99	0.00	0.00	0.00	0.00	0.00	0.00	0.00	0.00	0.00
			排名	1	3	3	3	3	3	3	3	3	3
	三级指标	国家基础引领度	得分	1.00	0.00	0.00	0.00	0.00	0.00	0.00	0.00	0.00	0.00
			排名	1	2	2	2	2	2	2	2	2	2
		国家潜在引领度	得分	0.99	0.00	0.00	0.00	0.00	0.00	0.00	0.00	0.00	0.00
			排名	1	3	3	3	3	3	3	3	3	3
研究热点：猪圆环病毒3型流行病学及遗传进化	一级指标	国家表现力	得分	2.78	0.65	0.11	0.02	0.00	0.01	0.08	0.47	0.02	0.02
			排名	1	2	11	14	30	19	12	3	14	14
	二级指标	国家贡献度	得分	0.68	0.13	0.01	0.00	0.00	0.00	0.01	0.11	0.00	0.00
			排名	1	2	11	13	13	13	11	4	13	13
	三级指标	国家基础贡献度	得分	0.55	0.10	0.00	0.00	0.00	0.00	0.00	0.10	0.00	0.00
			排名	1	2	11	11	11	11	11	2	11	11
		国家潜在贡献度	得分	0.13	0.03	0.01	0.00	0.00	0.00	0.01	0.01	0.00	0.00
			排名	1	2	4	9	9	9	4	4	9	9
	二级指标	国家影响度	得分	0.95	0.34	0.08	0.00	0.00	0.00	0.04	0.21	0.01	0.02
			排名	1	2	9	21	21	21	12	3	15	13
	三级指标	国家基础影响度	得分	0.40	0.26	0.00	0.00	0.00	0.00	0.00	0.09	0.00	0.00
			排名	1	2	11	11	11	11	11	4	11	11
		国家潜在影响度	得分	0.55	0.09	0.08	0.00	0.00	0.00	0.04	0.12	0.01	0.02
			排名	1	4	6	20	20	20	8	2	14	12
	二级指标	国家引领度	得分	1.14	0.19	0.02	0.02	0.00	0.00	0.04	0.15	0.01	0.00
			排名	1	2	9	9	16	16	8	3	11	16
	三级指标	国家基础引领度	得分	0.55	0.10	0.00	0.00	0.00	0.00	0.00	0.10	0.00	0.00
			排名	1	2	8	8	8	8	8	2	8	8
		国家潜在引领度	得分	0.59	0.09	0.02	0.02	0.00	0.00	0.04	0.05	0.01	0.00
			排名	1	2	7	7	16	16	4	3	10	16

（续表）

研究热点或前沿名称	指标体系	指标名称	项目	中国	美国	英国	印度	澳大利亚	加拿大	德国	意大利	日本	法国
研究前沿：可转移多黏菌素耐药基因的发现及传播机制	一级指标	国家表现力	得分	2.26	1.59	1.39	0.08	0.15	0.10	0.58	0.38	0.05	0.19
			排名	1	2	3	15	11	12	4	6	18	10
	二级指标	国家贡献度	得分	0.60	0.36	0.40	0.02	0.04	0.03	0.26	0.14	0.02	0.05
			排名	1	3	2	15	11	12	4	6	15	10
	三级指标	国家基础贡献度	得分	0.44	0.22	0.33	0.00	0.00	0.00	0.22	0.11	0.00	0.00
			排名	1	3	2	10	10	10	3	5	10	10
		国家潜在贡献度	得分	0.16	0.13	0.07	0.02	0.04	0.03	0.03	0.03	0.02	0.05
			排名	1	2	3	12	5	6	6	6	12	4
	二级指标	国家影响度	得分	0.98	0.97	0.82	0.03	0.07	0.05	0.18	0.10	0.02	0.09
			排名	1	2	3	16	11	12	4	8	18	9
	三级指标	国家基础影响度	得分	0.74	0.63	0.69	0.00	0.00	0.00	0.11	0.05	0.00	0.00
			排名	1	3	2	10	10	10	4	8	10	10
		国家潜在影响度	得分	0.23	0.35	0.13	0.03	0.07	0.05	0.07	0.05	0.02	0.09
			排名	2	1	3	15	6	8	6	8	17	5
	二级指标	国家引领度	得分	0.68	0.26	0.17	0.03	0.04	0.03	0.15	0.14	0.02	0.06
			排名	1	2	3	11	8	11	4	5	14	7
	三级指标	国家基础引领度	得分	0.44	0.11	0.11	0.00	0.00	0.00	0.11	0.11	0.00	0.00
			排名	1	2	2	7	7	7	2	2	7	7
		国家潜在引领度	得分	0.23	0.15	0.06	0.03	0.04	0.03	0.03	0.03	0.02	0.06
			排名	1	2	3	8	5	8	8	8	13	3
研究热点：高致病性禽流感病毒流行病学、遗传进化与致病机理	一级指标	国家表现力	得分	3.64	2.19	0.44	0.01	0.30	0.31	0.20	0.13	0.35	0.03
			排名	1	2	4	22	7	6	10	11	5	19
	二级指标	国家贡献度	得分	1.13	0.72	0.17	0.00	0.12	0.11	0.07	0.05	0.12	0.01
			排名	1	2	4	23	5	7	9	11	5	17
	三级指标	国家基础贡献度	得分	0.78	0.52	0.13	0.00	0.09	0.09	0.04	0.04	0.09	0.00
			排名	1	2	4	17	5	5	9	9	5	17
		国家潜在贡献度	得分	0.34	0.20	0.04	0.00	0.04	0.03	0.03	0.01	0.03	0.01
			排名	1	2	3	21	3	5	5	10	5	10
	二级指标	国家影响度	得分	1.35	1.05	0.19	0.01	0.13	0.13	0.10	0.07	0.14	0.01
			排名	1	2	4	19	6	6	10	11	5	19
	三级指标	国家基础影响度	得分	0.82	0.60	0.11	0.00	0.07	0.09	0.05	0.05	0.07	0.00
			排名	1	2	4	17	7	6	9	9	7	17
		国家潜在影响度	得分	0.53	0.45	0.09	0.01	0.07	0.05	0.05	0.02	0.07	0.01
			排名	1	2	3	17	4	7	7	12	4	17
	二级指标	国家引领度	得分	1.16	0.42	0.08	0.00	0.04	0.06	0.03	0.01	0.08	0.01
			排名	1	2	3	18	7	6	8	9	3	9
	三级指标	国家基础引领度	得分	0.65	0.22	0.04	0.00	0.00	0.04	0.00	0.00	0.04	0.00
			排名	1	2	3	7	7	3	7	7	3	7
		国家潜在引领度	得分	0.50	0.20	0.03	0.00	0.04	0.02	0.03	0.01	0.04	0.01
			排名	1	2	5	18	3	8	5	9	3	9

（续表）

研究热点或前沿名称	指标体系	指标名称	项目	中国	美国	英国	印度	澳大利亚	加拿大	德国	意大利	日本	法国
研究热点：动物源性人兽共患病病原学及传播特征	一级指标	国家表现力	得分	0.22	4.44	1.07	0.04	0.78	0.17	0.26	0.09	0.06	0.18
			排名	6	1	2	23	3	8	5	13	17	7
	二级指标	国家贡献度	得分	0.05	1.41	0.49	0.01	0.32	0.06	0.08	0.03	0.01	0.07
			排名	8	1	2	19	3	7	5	10	19	6
	三级指标	国家基础贡献度	得分	0.00	1.00	0.33	0.00	0.22	0.00	0.00	0.00	0.00	0.00
			排名	5	1	2	5	3	5	5	5	5	5
		国家潜在贡献度	得分	0.05	0.41	0.16	0.01	0.10	0.06	0.08	0.03	0.01	0.07
			排名	7	1	2	19	3	6	4	9	19	5
	二级指标	国家影响度	得分	0.12	1.63	0.49	0.02	0.39	0.07	0.13	0.06	0.03	0.07
			排名	6	1	2	25	3	7	5	10	19	7
	三级指标	国家基础影响度	得分	0.00	1.00	0.23	0.00	0.23	0.00	0.00	0.00	0.00	0.00
			排名	5	1	2	5	2	5	5	5	5	5
		国家潜在影响度	得分	0.12	0.63	0.25	0.02	0.16	0.07	0.13	0.06	0.03	0.07
			排名	5	1	2	25	3	6	4	9	19	6
	二级指标	国家引领度	得分	0.05	1.40	0.10	0.01	0.07	0.04	0.05	0.01	0.01	0.04
			排名	4	1	2	10	3	7	4	10	10	7
	三级指标	国家基础引领度	得分	0.00	1.00	0.00	0.00	0.00	0.00	0.00	0.00	0.00	0.00
			排名	2	1	2	2	2	2	2	2	2	2
		国家潜在引领度	得分	0.05	0.40	0.10	0.01	0.07	0.04	0.05	0.01	0.01	0.04
			排名	4	1	2	10	3	7	4	10	10	7
研究热点：兽用抗生素应用及其抗药性的全球应对	一级指标	国家表现力	得分	0.62	2.35	0.64	1.70	0.18	0.18	0.18	0.13	0.06	0.32
			排名	6	1	5	2	12	12	12	16	24	10
	二级指标	国家贡献度	得分	0.17	0.61	0.26	0.52	0.05	0.05	0.05	0.03	0.01	0.19
			排名	9	1	5	3	12	12	12	16	24	6
	三级指标	国家基础贡献度	得分	0.00	0.43	0.14	0.43	0.00	0.00	0.00	0.00	0.00	0.14
			排名	11	2	5	2	11	11	11	11	11	5
		国家潜在贡献度	得分	0.17	0.18	0.11	0.09	0.05	0.05	0.05	0.03	0.01	0.05
			排名	2	1	3	4	5	5	5	14	22	5
	二级指标	国家影响度	得分	0.29	1.18	0.31	0.95	0.09	0.08	0.10	0.07	0.04	0.10
			排名	7	1	6	2	12	13	10	14	25	10
	三级指标	国家基础影响度	得分	0.00	0.80	0.05	0.80	0.00	0.00	0.00	0.00	0.00	0.02
			排名	11	1	6	1	11	11	11	11	11	9
		国家潜在影响度	得分	0.29	0.38	0.26	0.15	0.09	0.08	0.10	0.07	0.04	0.08
			排名	2	1	3	4	10	11	7	13	24	11
	二级指标	国家引领度	得分	0.17	0.57	0.07	0.23	0.04	0.04	0.03	0.02	0.01	0.03
			排名	5	1	7	3	8	8	10	14	17	10
	三级指标	国家基础引领度	得分	0.00	0.43	0.00	0.14	0.00	0.00	0.00	0.00	0.00	0.00
			排名	6	1	6	3	6	6	6	6	6	6
		国家潜在引领度	得分	0.17	0.14	0.07	0.08	0.04	0.04	0.03	0.02	0.01	0.03
			排名	1	2	4	3	5	5	7	14	17	7

（续表）

研究热点或前沿名称	指标体系	指标名称	项目	中国	美国	英国	印度	澳大利亚	加拿大	德国	意大利	日本	法国
研究热点：猪流行性腹泻病毒新毒株流行病学、遗传进化及致病机理	一级指标	国家表现力	得分	0.91	3.09	0.08	0.00	0.01	0.58	0.04	0.04	0.42	0.03
			排名	2	1	6	26	20	3	9	9	5	11
	二级指标	国家贡献度	得分	0.26	0.90	0.02	0.00	0.00	0.20	0.01	0.01	0.20	0.01
			排名	2	1	6	18	18	4	9	9	4	9
	三级指标	国家基础贡献度	得分	0.00	0.67	0.00	0.00	0.00	0.17	0.00	0.00	0.17	0.00
			排名	5	1	5	5	5	2	5	5	2	5
		国家潜在贡献度	得分	0.26	0.23	0.02	0.00	0.00	0.03	0.01	0.01	0.04	0.01
			排名	1	2	6	18	18	5	9	9	4	9
	二级指标	国家影响度	得分	0.29	1.21	0.04	0.00	0.01	0.18	0.03	0.01	0.17	0.01
			排名	2	1	6	21	13	4	7	13	5	13
	三级指标	国家基础影响度	得分	0.00	0.68	0.00	0.00	0.00	0.12	0.00	0.00	0.11	0.00
			排名	5	1	5	5	5	3	5	5	4	5
		国家潜在影响度	得分	0.29	0.53	0.04	0.00	0.01	0.06	0.03	0.01	0.06	0.01
			排名	2	1	6	21	13	4	7	13	4	13
	二级指标	国家引领度	得分	0.36	0.98	0.02	0.00	0.01	0.21	0.01	0.01	0.05	0.01
			排名	2	1	6	18	7	3	7	7	4	7
	三级指标	国家基础引领度	得分	0.00	0.67	0.00	0.00	0.00	0.17	0.00	0.00	0.00	0.00
			排名	3	1	3	3	3	2	3	3	3	3
		国家潜在引领度	得分	0.36	0.31	0.02	0.00	0.01	0.04	0.01	0.01	0.05	0.01
			排名	1	2	6	18	7	4	7	7	3	7

附表Ⅱ-4　主要分析十国在农业资源与环境学科领域各热点前沿表现力指数及分指标得分与排名

研究热点或前沿名称	指标体系	指标名称	项目	中国	美国	澳大利亚	德国	英国	加拿大	意大利	法国	日本	印度
研究热点：堆肥腐殖化过程与调控	一级指标	国家表现力	得分	5.48	0.07	0.00	0.01	0.07	0.02	0.00	0.01	0.00	0.07
			排名	1	3	21	16	3	8	21	16	21	3
	二级指标	国家贡献度	得分	1.61	0.04	0.00	0.01	0.01	0.01	0.00	0.01	0.00	0.03
			排名	1	2	21	7	7	7	21	7	21	3
	三级指标	国家基础贡献度	得分	1.00	0.00	0.00	0.00	0.00	0.00	0.00	0.00	0.00	0.00
			排名	1	2	2	2	2	2	2	2	2	2
		国家潜在贡献度	得分	0.61	0.04	0.00	0.01	0.01	0.01	0.00	0.01	0.00	0.03
			排名	1	2	21	7	7	7	21	7	21	3
	二级指标	国家影响度	得分	1.98	0.01	0.00	0.00	0.06	0.00	0.00	0.00	0.00	0.01
			排名	1	4	8	8	2	8	8	8	8	4
	三级指标	国家基础影响度	得分	1.00	0.00	0.00	0.00	0.00	0.00	0.00	0.00	0.00	0.00
			排名	1	2	2	2	2	2	2	2	2	2
		国家潜在影响度	得分	0.98	0.01	0.00	0.00	0.06	0.00	0.00	0.00	0.00	0.01
			排名	1	4	32	8	2	8	63	8	54	4
	二级指标	国家引领度	得分	1.89	0.03	0.00	0.00	0.00	0.01	0.00	0.00	0.00	0.03
			排名	1	2	12	12	12	5	12	12	12	2
	三级指标	国家基础引领度	得分	1.00	0.00	0.00	0.00	0.00	0.00	0.00	0.00	0.00	0.00
			排名	1	2	2	2	2	2	2	2	2	2
		国家潜在引领度	得分	0.89	0.03	0.00	0.00	0.00	0.01	0.00	0.00	0.00	0.03
			排名	1	2	12	12	12	5	12	12	12	2

（续表）

研究热点或前沿名称	指标体系	指标名称	项目	中国	美国	澳大利亚	德国	英国	加拿大	意大利	法国	日本	印度
研究热点：根际沉积过程及其对土壤碳氮循环的影响	一级指标	国家表现力	得分	3.92	0.47	0.37	2.13	0.48	0.13	0.29	0.11	0.07	0.04
			排名	1	5	6	2	4	8	7	9	11	16
	二级指标	国家贡献度	得分	1.37	0.15	0.22	0.88	0.22	0.03	0.18	0.05	0.04	0.02
			排名	1	7	4	2	4	11	6	8	10	15
	三级指标	国家基础贡献度	得分	0.83	0.00	0.17	0.67	0.17	0.00	0.17	0.00	0.00	0.00
			排名	1	7	4	2	4	7	4	7	7	7
		国家潜在贡献度	得分	0.54	0.15	0.06	0.21	0.06	0.03	0.02	0.05	0.04	0.02
			排名	1	3	5	2	5	10	14	7	9	14
	二级指标	国家影响度	得分	1.16	0.23	0.11	0.98	0.23	0.09	0.10	0.03	0.01	0.01
			排名	1	4	6	2	4	8	7	10	18	18
	三级指标	国家基础影响度	得分	0.59	0.00	0.05	0.69	0.17	0.00	0.06	0.00	0.00	0.00
			排名	2	7	6	1	4	7	5	7	7	7
		国家潜在影响度	得分	0.57	0.23	0.06	0.29	0.06	0.09	0.04	0.03	0.01	0.01
			排名	1	3	6	2	6	5	8	10	18	18
	二级指标	国家引领度	得分	1.39	0.09	0.04	0.26	0.02	0.01	0.00	0.04	0.02	0.01
			排名	1	3	4	2	7	9	21	4	7	9
	三级指标	国家基础引领度	得分	0.83	0.00	0.00	0.17	0.00	0.00	0.00	0.00	0.00	0.00
			排名	1	3	3	2	3	3	3	3	3	3
		国家潜在引领度	得分	0.56	0.09	0.04	0.10	0.02	0.01	0.00	0.04	0.02	0.01
			排名	1	3	4	2	7	9	21	4	7	9
研究热点：生物炭对受污染农田土壤的修复及其效应	一级指标	国家表现力	得分	4.42	0.24	1.49	1.29	0.20	0.11	0.03	0.08	0.03	0.11
			排名	1	8	2	5	9	14	20	16	20	14
	二级指标	国家贡献度	得分	1.39	0.07	0.67	0.53	0.10	0.02	0.01	0.03	0.01	0.03
			排名	1	11	2	6	8	16	18	14	18	14
	三级指标	国家基础贡献度	得分	0.93	0.00	0.60	0.47	0.07	0.00	0.00	0.00	0.00	0.00
			排名	1	13	2	4	8	13	13	13	13	13
		国家潜在贡献度	得分	0.45	0.07	0.07	0.06	0.03	0.02	0.01	0.03	0.01	0.03
			排名	1	3	3	6	8	12	15	8	15	8
	二级指标	国家影响度	得分	1.69	0.13	0.80	0.53	0.10	0.07	0.01	0.03	0.01	0.04
			排名	1	8	2	6	9	11	19	16	19	14
	三级指标	国家基础影响度	得分	0.97	0.00	0.60	0.33	0.04	0.00	0.00	0.00	0.00	0.00
			排名	1	13	3	6	9	13	13	13	13	13
		国家潜在影响度	得分	0.72	0.13	0.20	0.20	0.06	0.07	0.01	0.03	0.01	0.04
			排名	1	6	4	4	11	9	17	13	17	12
	二级指标	国家引领度	得分	1.34	0.03	0.02	0.23	0.01	0.01	0.01	0.02	0.01	0.03
			排名	1	4	7	2	9	9	9	7	9	4
	三级指标	国家基础引领度	得分	0.73	0.00	0.00	0.20	0.00	0.00	0.00	0.00	0.00	0.00
			排名	1	4	4	2	4	4	4	4	4	4
		国家潜在引领度	得分	0.61	0.03	0.02	0.03	0.01	0.01	0.01	0.02	0.01	0.03
			排名	1	3	7	3	9	9	9	7	9	3

（续表）

研究热点或前沿名称	指标体系	指标名称	项目	中国	美国	澳大利亚	德国	英国	加拿大	意大利	法国	日本	印度
研究热点：土壤植物间反馈机制研究	一级指标	国家表现力	得分	0.51	2.87	0.85	0.28	0.27	1.82	0.05	0.13	0.08	0.04
			排名	7	1	4	10	11	2	22	14	18	26
	二级指标	国家贡献度	得分	0.16	0.97	0.24	0.07	0.06	0.58	0.01	0.03	0.03	0.01
			排名	9	1	4	10	11	2	20	14	14	20
	三级指标	国家基础贡献度	得分	0.00	0.67	0.17	0.00	0.00	0.50	0.00	0.00	0.00	0.00
			排名	9	1	3	9	9	2	9	9	9	9
		国家潜在贡献度	得分	0.16	0.31	0.07	0.07	0.06	0.08	0.01	0.03	0.03	0.01
			排名	2	1	5	5	7	4	19	11	11	19
	二级指标	国家影响度	得分	0.14	1.25	0.39	0.15	0.18	0.85	0.03	0.07	0.03	0.02
			排名	12	1	5	10	9	2	26	14	26	29
	三级指标	国家基础影响度	得分	0.00	0.73	0.22	0.00	0.00	0.58	0.00	0.00	0.00	0.00
			排名	9	1	4	9	9	2	9	9	9	9
		国家潜在影响度	得分	0.14	0.52	0.17	0.15	0.18	0.27	0.03	0.07	0.03	0.02
			排名	9	1	5	7	3	2	26	14	26	29
	二级指标	国家引领度	得分	0.21	0.65	0.21	0.05	0.04	0.39	0.01	0.02	0.03	0.01
			排名	4	1	4	7	9	2	16	12	10	16
	三级指标	国家基础引领度	得分	0.00	0.33	0.17	0.00	0.00	0.33	0.00	0.00	0.00	0.00
			排名	6	1	3	6	6	1	6	6	6	6
		国家潜在引领度	得分	0.21	0.32	0.05	0.05	0.04	0.06	0.01	0.02	0.03	0.01
			排名	2	1	5	5	8	4	16	11	9	16
研究前沿：土壤光谱学及其在土壤性质预测中的应用	一级指标	国家表现力	得分	1.47	1.25	1.77	1.29	1.18	0.56	1.42	0.87	0.34	0.09
			排名	2	8	1	6	9	16	3	10	28	31
	二级指标	国家贡献度	得分	0.50	0.54	0.52	0.51	0.49	0.19	0.46	0.34	0.15	0.03
			排名	5	1	2	3	6	16	9	10	19	30
	三级指标	国家基础贡献度	得分	0.29	0.43	0.43	0.43	0.43	0.14	0.43	0.29	0.14	0.00
			排名	9	1	1	1	1	16	1	9	16	30
		国家潜在贡献度	得分	0.21	0.11	0.09	0.08	0.06	0.04	0.03	0.05	0.01	0.03
			排名	1	2	3	4	6	9	12	7	22	12
	二级指标	国家影响度	得分	0.55	0.64	0.88	0.71	0.65	0.34	0.65	0.50	0.18	0.04
			排名	9	6	1	3	4	16	4	10	27	31
	三级指标	国家基础影响度	得分	0.29	0.42	0.67	0.49	0.49	0.23	0.50	0.38	0.15	0.00
			排名	15	7	1	5	5	16	3	9	26	30
		国家潜在影响度	得分	0.27	0.22	0.21	0.23	0.16	0.11	0.15	0.12	0.03	0.04
			排名	1	3	4	2	5	12	7	9	32	22
	二级指标	国家引领度	得分	0.42	0.07	0.37	0.07	0.04	0.04	0.31	0.03	0.01	0.02
			排名	1	7	2	7	9	9	3	12	17	16
	三级指标	国家基础引领度	得分	0.14	0.00	0.29	0.00	0.00	0.00	0.29	0.00	0.00	0.00
			排名	3	7	1	7	7	7	1	7	7	7
		国家潜在引领度	得分	0.27	0.07	0.08	0.07	0.04	0.04	0.02	0.03	0.01	0.02
			排名	1	4	3	4	6	6	14	9	16	14

（续表）

研究热点或前沿名称	指标体系	指标名称	项　目	中　国	美　国	澳大利亚	德　国	英　国	加拿大	意大利	法　国	日　本	印　度
研究热点：农田系统抗生素与抗性基因研究	一级指标	国家表现力	得分	3.26	1.60	0.60	0.36	0.41	0.13	0.09	0.11	0.02	0.05
			排名	1	2	3	6	4	7	9	8	28	16
	二级指标	国家贡献度	得分	1.08	0.52	0.19	0.10	0.12	0.02	0.02	0.02	0.01	0.02
			排名	1	2	3	6	4	8	8	8	14	8
	三级指标	国家基础贡献度	得分	0.77	0.38	0.15	0.08	0.08	0.00	0.00	0.00	0.00	0.00
			排名	1	2	3	4	4	7	7	7	7	7
		国家潜在贡献度	得分	0.31	0.13	0.04	0.03	0.05	0.02	0.02	0.02	0.01	0.02
			排名	1	2	4	5	3	8	8	8	14	8
	二级指标	国家影响度	得分	1.09	0.78	0.22	0.23	0.26	0.08	0.06	0.07	0.01	0.02
			排名	1	2	5	4	3	7	9	8	27	21
	三级指标	国家基础影响度	得分	0.68	0.49	0.15	0.13	0.13	0.00	0.00	0.00	0.00	0.00
			排名	1	2	3	4	4	7	7	7	7	7
		国家潜在影响度	得分	0.41	0.29	0.08	0.10	0.13	0.08	0.06	0.07	0.01	0.02
			排名	1	2	5	4	3	5	9	8	27	21
	二级指标	国家引领度	得分	1.08	0.30	0.18	0.03	0.03	0.03	0.02	0.02	0.01	0.02
			排名	1	2	3	5	5	5	8	8	13	8
	三级指标	国家基础引领度	得分	0.62	0.15	0.15	0.00	0.00	0.00	0.00	0.00	0.00	0.00
			排名	1	2	2	5	5	5	5	5	5	5
		国家潜在引领度	得分	0.47	0.14	0.03	0.03	0.03	0.03	0.02	0.02	0.01	0.02
			排名	1	2	4	4	4	4	8	8	13	8
研究热点：沼气发酵微生物群落结构及功能	一级指标	国家表现力	得分	1.15	0.97	0.73	0.25	0.14	0.12	0.75	0.09	0.46	0.04
			排名	2	3	5	9	10	11	4	13	8	20
	二级指标	国家贡献度	得分	0.42	0.30	0.21	0.09	0.05	0.04	0.40	0.03	0.21	0.02
			排名	2	4	5	9	10	11	3	13	5	15
	三级指标	国家基础贡献度	得分	0.17	0.17	0.17	0.00	0.00	0.00	0.33	0.00	0.17	0.00
			排名	3	3	3	9	9	9	2	9	3	9
		国家潜在贡献度	得分	0.26	0.13	0.04	0.09	0.05	0.04	0.07	0.03	0.04	0.02
			排名	1	2	8	3	6	8	5	13	8	15
	二级指标	国家影响度	得分	0.46	0.40	0.34	0.09	0.06	0.05	0.32	0.03	0.23	0.01
			排名	2	3	4	9	10	11	5	15	7	23
	三级指标	国家基础影响度	得分	0.18	0.19	0.26	0.00	0.00	0.00	0.23	0.00	0.19	0.00
			排名	6	4	2	9	9	9	3	9	4	9
		国家潜在影响度	得分	0.28	0.21	0.09	0.09	0.06	0.05	0.09	0.03	0.04	0.01
			排名	1	2	5	5	8	10	5	15	12	23
	二级指标	国家引领度	得分	0.27	0.28	0.18	0.07	0.03	0.03	0.04	0.02	0.02	0.01
			排名	3	2	6	7	9	9	8	12	12	17
	三级指标	国家基础引领度	得分	0.00	0.17	0.17	0.00	0.00	0.00	0.00	0.00	0.00	0.00
			排名	6	2	2	6	6	6	6	6	6	6
		国家潜在引领度	得分	0.27	0.11	0.02	0.07	0.03	0.03	0.04	0.02	0.02	0.01
			排名	1	2	11	4	6	6	5	11	11	17

（续表）

研究热点或前沿名称	指标体系	指标名称	项目	中国	美国	澳大利亚	德国	英国	加拿大	意大利	法国	日本	印度
研究热点：生物炭对农田土壤生物学过程及温室气体排放的影响	一级指标	国家表现力	得分	2.39	0.46	1.12	1.10	0.49	0.13	0.07	0.02	0.05	0.04
			排名	1	7	2	3	6	11	13	26	17	20
	二级指标	国家贡献度	得分	0.72	0.15	0.42	0.42	0.20	0.04	0.03	0.00	0.02	0.01
			排名	1	10	2	2	5	11	12	33	13	20
	三级指标	国家基础贡献度	得分	0.33	0.00	0.33	0.33	0.17	0.00	0.00	0.00	0.00	0.00
			排名	1	10	1	1	5	10	10	10	10	10
		国家潜在贡献度	得分	0.39	0.15	0.08	0.08	0.03	0.04	0.03	0.00	0.02	0.01
			排名	1	2	3	3	7	5	7	32	9	17
	二级指标	国家影响度	得分	0.84	0.21	0.65	0.46	0.11	0.05	0.03	0.02	0.01	0.02
			排名	1	6	2	3	7	11	16	19	24	19
	三级指标	国家基础影响度	得分	0.28	0.00	0.42	0.28	0.07	0.00	0.00	0.00	0.00	0.00
			排名	4	9	1	4	7	9	9	9	9	9
		国家潜在影响度	得分	0.56	0.21	0.22	0.18	0.04	0.05	0.03	0.02	0.01	0.02
			排名	1	3	2	4	8	6	12	16	22	16
	二级指标	国家引领度	得分	0.83	0.10	0.06	0.22	0.18	0.04	0.01	0.00	0.02	0.01
			排名	1	6	7	2	4	8	11	23	9	11
	三级指标	国家基础引领度	得分	0.33	0.00	0.00	0.17	0.17	0.00	0.00	0.00	0.00	0.00
			排名	1	6	6	2	2	6	6	6	6	6
		国家潜在引领度	得分	0.50	0.10	0.06	0.06	0.01	0.04	0.01	0.00	0.02	0.01
			排名	1	2	3	3	9	5	9	22	7	9

附表Ⅱ-5　主要分析十国在农产品质量与加工学科领域各热点前沿表现力指数及分指标得分与排名

研究热点或前沿名称	指标体系	指标名称	项目	中国	美国	加拿大	印度	意大利	英国	澳大利亚	德国	法国	日本
研究热点：天然食品中生物胺的质谱分析技术研究	一级指标	国家表现力	得分	3.47	0.08	0.03	0.04	0.09	0.48	0.01	0.03	0.07	0.06
			排名	1	10	17	14	8	3	31	17	11	12
	二级指标	国家贡献度	得分	1.08	0.03	0.01	0.01	0.03	0.16	0.01	0.01	0.02	0.02
			排名	1	8	15	15	8	4	15	15	11	11
	三级指标	国家基础贡献度	得分	0.71	0.00	0.00	0.00	0.00	0.14	0.00	0.00	0.00	0.00
			排名	1	6	6	6	6	2	6	6	6	6
		国家潜在贡献度	得分	0.37	0.03	0.01	0.01	0.03	0.02	0.01	0.01	0.02	0.02
			排名	1	6	14	14	6	9	14	14	9	9
	二级指标	国家影响度	得分	1.21	0.03	0.01	0.02	0.02	0.32	0.00	0.01	0.03	0.01
			排名	1	8	17	12	12	3	28	17	8	17
	三级指标	国家基础影响度	得分	0.71	0.00	0.00	0.00	0.00	0.23	0.00	0.00	0.00	0.00
			排名	1	6	6	6	6	2	6	6	6	6
		国家潜在影响度	得分	0.50	0.03	0.01	0.02	0.02	0.09	0.00	0.01	0.03	0.01
			排名	1	8	17	12	12	4	28	17	8	17
	二级指标	国家引领度	得分	1.18	0.02	0.01	0.01	0.04	0.00	0.00	0.01	0.02	0.02
			排名	1	7	12	12	5	20	20	12	7	7
	三级指标	国家基础引领度	得分	0.71	0.00	0.00	0.00	0.00	0.00	0.00	0.00	0.00	0.00
			排名	1	3	3	3	3	3	3	3	3	3
		国家潜在引领度	得分	0.46	0.02	0.01	0.01	0.04	0.00	0.00	0.01	0.02	0.02
			排名	1	7	12	12	5	20	20	12	7	7

（续表）

研究热点或前沿名称	指标体系	指标名称	项　目	中　国	美　国	加拿大	印　度	意大利	英　国	澳大利亚	德　国	法　国	日　本
研究热点：智能食品包装膜制备技术研究与应用	一级指标	国家表现力	得分	2.16	0.37	0.16	0.17	0.28	0.20	0.24	0.05	0.03	0.07
			排名	1	4	12	11	6	9	7	20	23	17
	二级指标	国家贡献度	得分	0.69	0.14	0.06	0.04	0.07	0.10	0.06	0.01	0.01	0.05
			排名	1	2	9	17	7	5	9	19	19	14
	三级指标	国家基础贡献度	得分	0.50	0.09	0.05	0.00	0.05	0.09	0.05	0.00	0.00	0.05
			排名	1	2	6	17	6	2	6	17	17	6
		国家潜在贡献度	得分	0.19	0.05	0.01	0.04	0.02	0.01	0.01	0.01	0.01	0.00
			排名	1	2	10	4	7	10	10	10	10	33
	二级指标	国家影响度	得分	0.63	0.19	0.09	0.08	0.13	0.09	0.12	0.02	0.01	0.02
			排名	1	4	10	12	6	10	7	19	26	19
	三级指标	国家基础影响度	得分	0.32	0.10	0.07	0.00	0.07	0.08	0.07	0.00	0.00	0.01
			排名	1	4	7	17	7	6	7	17	17	15
		国家潜在影响度	得分	0.31	0.08	0.03	0.08	0.06	0.01	0.05	0.02	0.01	0.01
			排名	1	2	13	2	6	23	8	15	23	23
	二级指标	国家引领度	得分	0.83	0.04	0.01	0.06	0.08	0.01	0.06	0.02	0.01	0.00
			排名	1	11	17	6	5	17	6	12	17	33
	三级指标	国家基础引领度	得分	0.50	0.00	0.00	0.00	0.05	0.00	0.05	0.00	0.00	0.00
			排名	1	10	10	10	4	10	4	10	10	10
		国家潜在引领度	得分	0.33	0.04	0.01	0.06	0.03	0.01	0.01	0.02	0.01	0.00
			排名	1	5	14	3	7	14	14	8	14	32
研究前沿：食品级颗粒的乳化机制及其应用研究	一级指标	国家表现力	得分	3.57	1.81	0.07	0.03	0.02	0.41	0.04	0.04	0.04	0.02
			排名	1	2	6	14	17	3	9	9	9	17
	二级指标	国家贡献度	得分	1.09	0.68	0.02	0.01	0.00	0.09	0.01	0.01	0.01	0.01
			排名	1	2	6	8	22	3	8	8	8	8
	三级指标	国家基础贡献度	得分	0.75	0.56	0.00	0.00	0.00	0.06	0.00	0.00	0.00	0.00
			排名	1	2	5	5	5	3	5	5	5	5
		国家潜在贡献度	得分	0.34	0.11	0.02	0.01	0.00	0.03	0.01	0.01	0.01	0.01
			排名	1	2	5	8	22	3	8	8	8	8
	二级指标	国家影响度	得分	1.40	0.64	0.03	0.01	0.01	0.20	0.02	0.03	0.01	0.00
			排名	1	2	6	12	12	3	8	6	12	27
	三级指标	国家基础影响度	得分	0.77	0.38	0.00	0.00	0.00	0.11	0.00	0.00	0.00	0.00
			排名	1	2	5	5	5	3	5	5	5	5
		国家潜在影响度	得分	0.63	0.26	0.03	0.01	0.01	0.10	0.02	0.03	0.01	0.00
			排名	1	2	6	12	12	3	8	6	12	27
	二级指标	国家引领度	得分	1.08	0.50	0.02	0.01	0.00	0.11	0.01	0.01	0.02	0.01
			排名	1	2	7	10	22	3	10	10	7	10
	三级指标	国家基础引领度	得分	0.50	0.38	0.00	0.00	0.00	0.06	0.00	0.00	0.00	0.00
			排名	1	2	5	5	5	3	5	5	5	5
		国家潜在引领度	得分	0.58	0.12	0.02	0.01	0.00	0.05	0.01	0.01	0.02	0.01
			排名	1	2	6	10	22	3	10	10	6	10

（续表）

研究热点或前沿名称	指标体系	指标名称	项目	中国	美国	加拿大	印度	意大利	英国	澳大利亚	德国	法国	日本
研究热点：智能感官在食品品质评价中的应用	一级指标	国家表现力	得分	1.29	0.19	0.03	0.99	0.56	0.08	0.08	0.06	0.05	0.06
			排名	1	7	23	3	5	11	11	13	16	13
	二级指标	国家贡献度	得分	0.46	0.06	0.01	0.31	0.18	0.02	0.03	0.02	0.02	0.03
			排名	1	8	18	3	5	13	11	13	13	11
	三级指标	国家基础贡献度	得分	0.18	0.00	0.00	0.27	0.09	0.00	0.00	0.00	0.00	0.00
			排名	3	8	8	1	5	8	8	8	8	8
		国家潜在贡献度	得分	0.28	0.06	0.01	0.03	0.09	0.02	0.03	0.02	0.02	0.03
			排名	1	3	17	8	2	11	8	11	11	8
	二级指标	国家影响度	得分	0.32	0.09	0.01	0.38	0.19	0.05	0.04	0.02	0.01	0.02
			排名	4	7	23	2	6	9	12	16	23	16
	三级指标	国家基础影响度	得分	0.06	0.00	0.00	0.35	0.07	0.00	0.00	0.00	0.00	0.00
			排名	6	8	8	1	5	8	8	8	8	8
		国家潜在影响度	得分	0.26	0.09	0.01	0.02	0.12	0.05	0.04	0.02	0.01	0.02
			排名	1	5	22	14	3	7	9	14	22	14
	二级指标	国家引领度	得分	0.51	0.04	0.01	0.31	0.19	0.01	0.02	0.02	0.02	0.02
			排名	1	7	14	3	5	14	9	9	9	9
	三级指标	国家基础引领度	得分	0.18	0.00	0.00	0.27	0.09	0.00	0.00	0.00	0.00	0.00
			排名	3	6	6	1	5	6	6	6	6	6
		国家潜在引领度	得分	0.32	0.04	0.01	0.04	0.09	0.01	0.02	0.02	0.02	0.02
			排名	1	6	14	6	2	14	9	9	9	9
研究热点：食品中多酚类物质抗氧化活性研究	一级指标	国家表现力	得分	0.84	0.96	3.05	0.22	0.44	0.08	0.08	0.05	0.07	0.08
			排名	4	3	1	8	5	16	16	25	20	16
	二级指标	国家贡献度	得分	0.44	0.35	1.11	0.12	0.23	0.04	0.05	0.03	0.05	0.04
			排名	3	4	1	8	5	18	16	24	16	18
	三级指标	国家基础贡献度	得分	0.00	0.20	1.00	0.00	0.00	0.00	0.00	0.00	0.00	0.00
			排名	4	3	1	4	4	4	4	4	4	4
		国家潜在贡献度	得分	0.44	0.15	0.11	0.12	0.23	0.04	0.05	0.03	0.05	0.04
			排名	1	5	8	7	3	18	16	24	16	18
	二级指标	国家影响度	得分	0.23	0.58	1.12	0.05	0.12	0.03	0.01	0.02	0.01	0.02
			排名	4	3	1	8	6	13	24	18	24	18
	三级指标	国家基础影响度	得分	0.00	0.51	1.00	0.00	0.00	0.00	0.00	0.00	0.00	0.00
			排名	4	2	1	4	4	4	4	4	4	4
		国家潜在影响度	得分	0.23	0.07	0.12	0.05	0.12	0.03	0.01	0.02	0.01	0.02
			排名	1	7	4	8	4	13	24	18	24	18
	二级指标	国家引领度	得分	0.17	0.03	0.83	0.05	0.09	0.01	0.02	0.01	0.02	0.01
			排名	2	9	1	5	4	18	13	18	13	18
	三级指标	国家基础引领度	得分	0.00	0.00	0.80	0.00	0.00	0.00	0.00	0.00	0.00	0.00
			排名	2	2	1	2	2	2	2	2	2	2
		国家潜在引领度	得分	0.17	0.03	0.03	0.05	0.09	0.01	0.02	0.01	0.02	0.01
			排名	1	8	8	4	3	18	13	18	13	18

（续表）

研究热点或前沿名称	指标体系	指标名称	项目	中国	美国	加拿大	印度	意大利	英国	澳大利亚	德国	法国	日本
研究热点：食源性致病菌快速检测技术研究	一级指标	国家表现力	得分	1.49	1.50	0.84	0.13	0.14	0.12	0.15	0.22	0.13	0.07
			排名	2	1	4	9	8	11	7	6	9	14
	二级指标	国家贡献度	得分	0.60	0.56	0.25	0.04	0.04	0.04	0.02	0.04	0.04	0.03
			排名	1	2	3	6	6	6	13	6	6	11
	三级指标	国家基础贡献度	得分	0.40	0.40	0.20	0.00	0.00	0.00	0.00	0.00	0.00	0.00
			排名	1	1	3	6	6	6	6	6	6	6
		国家潜在贡献度	得分	0.20	0.16	0.05	0.04	0.04	0.04	0.02	0.04	0.04	0.03
			排名	1	2	3	5	5	5	12	5	5	10
	二级指标	国家影响度	得分	0.46	0.58	0.33	0.04	0.07	0.06	0.12	0.15	0.06	0.01
			排名	2	1	4	13	9	10	7	6	10	24
	三级指标	国家基础影响度	得分	0.28	0.36	0.27	0.00	0.00	0.00	0.00	0.00	0.00	0.00
			排名	3	1	4	6	6	6	6	6	6	6
		国家潜在影响度	得分	0.18	0.22	0.06	0.04	0.07	0.06	0.12	0.15	0.06	0.01
			排名	2	1	8	13	6	8	4	3	8	24
	二级指标	国家引领度	得分	0.43	0.36	0.26	0.05	0.03	0.02	0.01	0.03	0.03	0.03
			排名	1	2	3	5	6	12	14	6	6	6
	三级指标	国家基础引领度	得分	0.20	0.20	0.20	0.00	0.00	0.00	0.00	0.00	0.00	0.00
			排名	1	1	1	5	5	5	5	5	5	5
		国家潜在引领度	得分	0.23	0.16	0.06	0.05	0.03	0.02	0.01	0.03	0.03	0.03
			排名	1	2	3	4	5	12	14	5	5	5

附表Ⅱ-6　主要分析十国在农业信息与农业工程学科领域各热点前沿表现力指数及分指标得分与排名

研究热点或前沿名称	指标体系	指标名称	项目	中国	美国	印度	澳大利亚	英国	加拿大	法国	德国	意大利	日本
研究前沿：纳米材料制备及其在重金属吸附中的应用	一级指标	国家表现力	得分	4.68	0.14	0.13	0.16	0.02	0.00	0.03	0.02	0.02	0.35
			排名	1	6	7	5	18	37	16	18	18	3
	二级指标	国家贡献度	得分	1.50	0.06	0.05	0.02	0.01	0.00	0.01	0.01	0.01	0.03
			排名	1	3	4	10	11	29	11	11	11	8
	三级指标	国家基础贡献度	得分	1.00	0.00	0.00	0.00	0.00	0.00	0.00	0.00	0.00	0.00
			排名	1	3	3	3	3	3	3	3	3	3
		国家潜在贡献度	得分	0.50	0.06	0.05	0.02	0.01	0.00	0.01	0.01	0.01	0.03
			排名	1	3	4	10	11	29	11	11	11	8
	二级指标	国家影响度	得分	1.60	0.04	0.03	0.13	0.00	0.00	0.00	0.00	0.00	0.29
			排名	1	7	8	4	24	24	24	24	24	3
	三级指标	国家基础影响度	得分	1.00	0.00	0.00	0.00	0.00	0.00	0.00	0.00	0.00	0.00
			排名	1	3	3	3	3	3	3	3	3	3
		国家潜在影响度	得分	0.60	0.04	0.03	0.13	0.00	0.00	0.00	0.00	0.00	0.29
			排名	1	7	8	4	24	24	24	24	24	3
	二级指标	国家引领度	得分	1.58	0.04	0.05	0.01	0.00	0.00	0.01	0.00	0.01	0.03
			排名	1	4	3	7	21	21	7	21	7	5
	三级指标	国家基础引领度	得分	1.00	0.00	0.00	0.00	0.00	0.00	0.00	0.00	0.00	0.00
			排名	1	2	2	2	2	2	2	2	2	2
		国家潜在引领度	得分	0.58	0.04	0.05	0.01	0.00	0.00	0.01	0.00	0.01	0.03
			排名	1	4	3	7	21	21	7	21	7	5

（续表）

研究热点或前沿名称	指标体系	指标名称	项目	中国	美国	印度	澳大利亚	英国	加拿大	法国	德国	意大利	日本
研究热点：天然纤维聚合物复合材料制备与表征	一级指标	国家表现力	得分	0.34	0.11	3.65	0.04	0.36	0.03	0.04	0.01	0.07	0.02
			排名	6	8	1	13	5	17	13	30	9	23
	二级指标	国家贡献度	得分	0.10	0.04	1.13	0.01	0.18	0.01	0.02	0.01	0.02	0.01
			排名	6	8	1	12	5	12	9	12	9	12
	三级指标	国家基础贡献度	得分	0.00	0.00	0.83	0.00	0.17	0.00	0.00	0.00	0.00	0.00
			排名	6	6	1	6	5	6	6	6	6	6
		国家潜在贡献度	得分	0.10	0.04	0.30	0.01	0.02	0.01	0.02	0.01	0.02	0.01
			排名	2	7	1	12	8	12	8	12	8	12
	二级指标	国家影响度	得分	0.11	0.04	1.48	0.02	0.16	0.02	0.01	0.00	0.04	0.01
			排名	6	7	1	13	5	13	15	29	7	15
	三级指标	国家基础影响度	得分	0.00	0.00	0.89	0.00	0.11	0.00	0.00	0.00	0.00	0.00
			排名	6	6	1	6	5	6	6	6	6	6
		国家潜在影响度	得分	0.11	0.04	0.59	0.02	0.05	0.02	0.01	0.00	0.04	0.01
			排名	5	7	1	13	6	13	15	29	7	15
	二级指标	国家引领度	得分	0.13	0.03	1.03	0.01	0.01	0.01	0.02	0.00	0.02	0.00
			排名	4	6	1	11	11	11	7	31	7	31
	三级指标	国家基础引领度	得分	0.00	0.00	0.67	0.00	0.00	0.00	0.00	0.00	0.00	0.00
			排名	4	4	1	4	4	4	4	4	4	4
		国家潜在引领度	得分	0.13	0.03	0.37	0.01	0.01	0.01	0.02	0.00	0.02	0.00
			排名	2	6	1	11	11	11	7	31	7	31
研究热点：混合生物柴油转化技术及其利用	一级指标	国家表现力	得分	1.34	0.12	0.77	1.08	0.06	0.05	0.02	0.02	0.01	0.03
			排名	3	10	5	4	12	14	25	25	34	19
	二级指标	国家贡献度	得分	0.51	0.04	0.22	0.59	0.03	0.02	0.01	0.01	0.00	0.01
			排名	4	9	5	2	10	13	19	19	30	19
	三级指标	国家基础贡献度	得分	0.25	0.00	0.08	0.50	0.00	0.00	0.00	0.00	0.00	0.00
			排名	4	9	6	2	9	9	9	9	9	9
		国家潜在贡献度	得分	0.26	0.04	0.14	0.09	0.03	0.02	0.01	0.01	0.00	0.01
			排名	1	6	2	4	7	12	18	18	30	18
	二级指标	国家影响度	得分	0.53	0.06	0.40	0.42	0.03	0.01	0.01	0.01	0.00	0.01
			排名	3	9	5	4	12	20	20	20	37	20
	三级指标	国家基础影响度	得分	0.18	0.00	0.21	0.31	0.00	0.00	0.00	0.00	0.00	0.00
			排名	7	9	4	3	9	9	9	9	9	9
		国家潜在影响度	得分	0.35	0.06	0.19	0.11	0.03	0.01	0.01	0.01	0.00	0.01
			排名	1	6	3	5	12	20	20	20	37	20
	二级指标	国家引领度	得分	0.30	0.03	0.15	0.07	0.01	0.01	0.00	0.00	0.01	0.01
			排名	3	9	4	7	13	13	23	23	13	13
	三级指标	国家基础引领度	得分	0.00	0.00	0.00	0.00	0.00	0.00	0.00	0.00	0.00	0.00
			排名	5	5	5	5	5	5	5	5	5	5
		国家潜在引领度	得分	0.30	0.03	0.15	0.07	0.01	0.01	0.00	0.00	0.01	0.01
			排名	1	8	2	4	12	12	22	22	12	12

（续表）

研究热点或前沿名称	指标体系	指标名称	项目	中国	美国	印度	澳大利亚	英国	加拿大	法国	德国	意大利	日本
研究热点：基于卫星监测与毫米波传输的土壤水分与营养含量反演技术	一级指标	国家表现力	得分	0.77	3.89	0.05	1.34	0.36	0.98	1.91	0.41	0.71	0.44
			排名	8	1	24	3	16	5	2	15	10	14
	二级指标	国家贡献度	得分	0.28	1.28	0.01	0.55	0.11	0.37	0.66	0.12	0.23	0.14
			排名	8	1	24	3	16	5	2	15	11	14
	三级指标	国家基础贡献度	得分	0.13	0.94	0.00	0.50	0.06	0.31	0.56	0.06	0.19	0.13
			排名	13	1	23	3	15	5	2	15	10	13
		国家潜在贡献度	得分	0.16	0.35	0.01	0.05	0.05	0.05	0.10	0.06	0.04	0.02
			排名	2	1	17	6	6	6	3	5	10	14
	二级指标	国家影响度	得分	0.28	1.67	0.02	0.76	0.23	0.57	0.86	0.26	0.46	0.29
			排名	13	1	26	3	15	5	2	14	7	12
	三级指标	国家基础影响度	得分	0.05	0.95	0.00	0.61	0.08	0.44	0.61	0.14	0.29	0.20
			排名	20	1	23	2	18	5	2	13	8	11
		国家潜在影响度	得分	0.23	0.72	0.02	0.15	0.15	0.12	0.24	0.12	0.16	0.09
			排名	3	1	24	8	8	12	2	12	7	14
	二级指标	国家引领度	得分	0.21	0.94	0.01	0.03	0.02	0.05	0.39	0.04	0.03	0.01
			排名	3	1	15	9	11	7	2	8	9	15
	三级指标	国家基础引领度	得分	0.00	0.56	0.00	0.00	0.00	0.00	0.31	0.00	0.00	0.00
			排名	6	1	6	6	6	6	2	6	6	6
		国家潜在引领度	得分	0.21	0.38	0.01	0.03	0.02	0.05	0.08	0.04	0.03	0.01
			排名	2	1	14	7	9	4	3	5	7	14
研究热点：基于激光传感器地面覆盖生物量评估技术	一级指标	国家表现力	得分	1.13	0.83	0.26	1.15	1.95	0.38	0.42	0.69	0.38	0.26
			排名	5	6	15	4	2	11	10	7	11	15
	二级指标	国家贡献度	得分	0.44	0.25	0.13	0.40	0.75	0.16	0.17	0.18	0.14	0.13
			排名	4	6	13	5	2	10	9	8	12	13
	三级指标	国家基础贡献度	得分	0.33	0.11	0.11	0.33	0.67	0.11	0.11	0.11	0.11	0.11
			排名	4	7	7	4	1	7	7	7	7	7
		国家潜在贡献度	得分	0.11	0.14	0.01	0.07	0.09	0.05	0.06	0.07	0.03	0.02
			排名	2	1	19	5	3	8	7	5	12	14
	二级指标	国家影响度	得分	0.53	0.46	0.12	0.58	1.01	0.18	0.21	0.31	0.21	0.10
			排名	5	6	15	4	1	12	8	7	8	17
	三级指标	国家基础影响度	得分	0.34	0.10	0.06	0.40	0.66	0.06	0.06	0.11	0.06	0.06
			排名	5	8	10	4	2	10	10	7	10	10
		国家潜在影响度	得分	0.19	0.35	0.06	0.19	0.35	0.12	0.15	0.20	0.14	0.04
			排名	6	1	18	6	1	10	8	4	9	20
	二级指标	国家引领度	得分	0.16	0.12	0.02	0.17	0.19	0.03	0.04	0.20	0.03	0.02
			排名	6	8	14	5	4	12	11	3	12	14
	三级指标	国家基础引领度	得分	0.00	0.00	0.00	0.11	0.11	0.00	0.00	0.11	0.00	0.00
			排名	8	8	8	3	3	8	8	3	8	8
		国家潜在引领度	得分	0.16	0.12	0.02	0.06	0.08	0.03	0.04	0.09	0.03	0.02
			排名	1	2	12	6	5	9	8	3	9	12

（续表）

研究热点或前沿名称	指标体系	指标名称	项目	中国	美国	印度	澳大利亚	英国	加拿大	法国	德国	意大利	日本
研究热点：秸秆燃料乙醇转化关键技术	一级指标	国家表现力	得分	1.14	0.20	0.74	0.05	0.08	0.06	0.05	0.06	0.11	0.07
			排名	5	9	6	23	15	20	23	20	12	16
	二级指标	国家贡献度	得分	0.40	0.06	0.27	0.02	0.03	0.02	0.02	0.02	0.03	0.03
			排名	5	9	6	18	12	18	18	18	12	12
	三级指标	国家基础贡献度	得分	0.20	0.00	0.20	0.00	0.00	0.00	0.00	0.00	0.00	0.00
			排名	5	8	5	8	8	8	8	8	8	8
		国家潜在贡献度	得分	0.20	0.06	0.07	0.02	0.03	0.02	0.02	0.02	0.03	0.03
			排名	1	4	3	14	8	14	14	14	8	8
	二级指标	国家影响度	得分	0.34	0.08	0.22	0.02	0.04	0.03	0.02	0.03	0.04	0.02
			排名	5	8	7	20	15	17	20	17	15	20
	三级指标	国家基础影响度	得分	0.11	0.00	0.13	0.00	0.00	0.00	0.00	0.00	0.00	0.00
			排名	7	8	6	8	8	8	8	8	8	8
		国家潜在影响度	得分	0.22	0.08	0.09	0.02	0.04	0.03	0.02	0.03	0.04	0.02
			排名	1	4	3	19	13	16	19	16	13	19
	二级指标	国家引领度	得分	0.41	0.06	0.26	0.01	0.01	0.01	0.01	0.01	0.03	0.02
			排名	1	7	3	17	17	17	17	17	10	13
	三级指标	国家基础引领度	得分	0.20	0.00	0.20	0.00	0.00	0.00	0.00	0.00	0.00	0.00
			排名	2	6	2	6	6	6	6	6	6	6
		国家潜在引领度	得分	0.21	0.06	0.06	0.01	0.01	0.01	0.01	0.01	0.03	0.02
			排名	1	3	3	15	15	15	15	15	8	11
研究热点：农用无人机近地作物表型信息获取技术及其应用	一级指标	国家表现力	得分	1.15	1.29	0.03	0.57	0.37	0.43	0.25	0.63	0.30	0.13
			排名	2	1	25	4	7	6	10	3	9	15
	二级指标	国家贡献度	得分	0.36	0.37	0.01	0.18	0.11	0.14	0.07	0.16	0.08	0.04
			排名	2	1	19	3	7	6	11	4	10	16
	三级指标	国家基础贡献度	得分	0.25	0.25	0.00	0.14	0.08	0.11	0.06	0.11	0.06	0.03
			排名	1	1	19	3	7	4	10	4	10	15
		国家潜在贡献度	得分	0.11	0.12	0.01	0.04	0.03	0.03	0.02	0.05	0.03	0.01
			排名	2	1	12	4	6	6	9	3	6	12
	二级指标	国家影响度	得分	0.45	0.56	0.01	0.25	0.17	0.14	0.10	0.32	0.15	0.04
			排名	2	1	27	5	6	9	11	3	8	16
	三级指标	国家基础影响度	得分	0.26	0.30	0.00	0.14	0.07	0.08	0.05	0.19	0.09	0.02
			排名	2	1	19	4	10	8	11	3	7	18
		国家潜在影响度	得分	0.19	0.27	0.01	0.11	0.09	0.06	0.06	0.12	0.06	0.03
			排名	2	1	24	5	6	7	7	3	7	13
	二级指标	国家引领度	得分	0.34	0.35	0.01	0.14	0.09	0.15	0.07	0.15	0.07	0.05
			排名	2	1	17	5	7	3	9	3	9	13
	三级指标	国家基础引领度	得分	0.14	0.17	0.00	0.08	0.06	0.11	0.06	0.08	0.03	0.03
			排名	2	1	15	4	6	3	6	4	12	12
		国家潜在引领度	得分	0.20	0.19	0.01	0.06	0.03	0.04	0.02	0.07	0.04	0.02
			排名	1	2	14	4	8	6	11	3	6	11

（续表）

研究热点或前沿名称	指标体系	指标名称	项目	中国	美国	印度	澳大利亚	英国	加拿大	法国	德国	意大利	日本
研究热点：生物基平台化合物炼制技术及应用	一级指标	国家表现力	得分	1.52	1.58	0.66	0.03	0.77	0.94	0.09	0.09	0.15	0.14
			排名	2	1	5	19	4	3	10	10	7	8
	二级指标	国家贡献度	得分	0.45	0.60	0.23	0.01	0.20	0.36	0.03	0.03	0.04	0.04
			排名	2	1	4	16	5	3	10	10	6	6
	三级指标	国家基础贡献度	得分	0.17	0.50	0.17	0.00	0.17	0.33	0.00	0.00	0.00	0.00
			排名	3	1	3	6	3	2	6	6	6	6
		国家潜在贡献度	得分	0.28	0.10	0.06	0.01	0.03	0.02	0.03	0.03	0.04	0.04
			排名	1	2	3	16	8	12	8	8	4	4
	二级指标	国家影响度	得分	0.54	0.59	0.19	0.01	0.38	0.39	0.04	0.03	0.06	0.05
			排名	2	1	5	19	4	3	11	12	8	9
	三级指标	国家基础影响度	得分	0.12	0.42	0.12	0.00	0.25	0.36	0.00	0.00	0.00	0.00
			排名	4	1	4	6	3	2	6	6	6	6
		国家潜在影响度	得分	0.42	0.17	0.07	0.01	0.13	0.03	0.04	0.03	0.06	0.05
			排名	1	2	5	19	3	11	10	11	7	8
	二级指标	国家引领度	得分	0.53	0.40	0.24	0.01	0.19	0.19	0.02	0.04	0.05	0.05
			排名	1	2	3	15	4	4	11	9	6	6
	三级指标	国家基础引领度	得分	0.17	0.33	0.17	0.00	0.17	0.17	0.00	0.00	0.00	0.00
			排名	2	1	2	6	2	2	6	6	6	6
		国家潜在引领度	得分	0.37	0.07	0.08	0.01	0.02	0.03	0.02	0.04	0.05	0.05
			排名	1	3	2	15	10	9	10	7	4	4
研究热点：土壤重金属生物修复关键技术及应用	一级指标	国家表现力	得分	1.47	0.15	0.29	0.99	0.79	0.08	0.11	0.08	0.10	0.04
			排名	1	10	8	2	3	17	13	17	15	27
	二级指标	国家贡献度	得分	0.61	0.05	0.09	0.43	0.23	0.02	0.03	0.02	0.03	0.01
			排名	1	10	8	2	3	18	12	18	12	24
	三级指标	国家基础贡献度	得分	0.40	0.00	0.00	0.40	0.20	0.00	0.00	0.00	0.00	0.00
			排名	1	8	8	1	3	8	8	8	8	8
		国家潜在贡献度	得分	0.21	0.05	0.09	0.03	0.03	0.02	0.03	0.02	0.03	0.01
			排名	1	4	2	6	6	16	6	16	6	22
	二级指标	国家影响度	得分	0.63	0.08	0.11	0.34	0.34	0.04	0.05	0.04	0.04	0.01
			排名	1	10	8	2	2	14	13	14	14	29
	三级指标	国家基础影响度	得分	0.35	0.00	0.00	0.26	0.31	0.00	0.00	0.00	0.00	0.00
			排名	1	7	7	3	2	7	7	7	7	7
		国家潜在影响度	得分	0.28	0.08	0.11	0.07	0.03	0.04	0.05	0.04	0.04	0.01
			排名	1	4	2	6	16	10	9	10	10	27
	二级指标	国家引领度	得分	0.23	0.03	0.09	0.22	0.22	0.01	0.02	0.01	0.03	0.01
			排名	2	11	6	3	3	19	15	19	11	19
	三级指标	国家基础引领度	得分	0.00	0.00	0.00	0.20	0.20	0.00	0.00	0.00	0.00	0.00
			排名	5	5	5	1	1	5	5	5	5	5
		国家潜在引领度	得分	0.23	0.03	0.09	0.02	0.02	0.01	0.02	0.01	0.03	0.01
			排名	1	8	2	12	12	18	12	18	8	18

附表 II-7　主要分析十国在林业学科领域各热点前沿表现力指数及分指标得分与排名

研究热点或前沿名称	指标体系	指标名称	项　目	美　国	加拿大	澳大利亚	中　国	德　国	英　国	法　国	意大利	日　本	印　度
研究前沿：基于长时间序列遥感影像的森林干扰、恢复及分类研究	一级指标	国家表现力	得分	0.95	4.02	0.18	0.36	0.75	0.15	0.01	0.11	0.03	0.01
			排名	2	1	5	4	3	6	23	8	13	23
	二级指标	国家贡献度	得分	0.22	1.25	0.05	0.11	0.28	0.03	0.01	0.02	0.01	0.00
			排名	3	1	5	4	2	7	13	10	13	25
	三级指标	国家基础贡献度	得分	0.00	1.00	0.00	0.00	0.20	0.00	0.00	0.00	0.00	0.00
			排名	3	1	3	3	2	3	3	3	3	3
		国家潜在贡献度	得分	0.22	0.25	0.05	0.11	0.08	0.03	0.01	0.02	0.01	0.00
			排名	2	1	5	3	4	7	13	10	13	25
	二级指标	国家影响度	得分	0.51	1.47	0.06	0.12	0.40	0.08	0.00	0.08	0.00	0.00
			排名	2	1	8	4	3	5	20	5	20	20
	三级指标	国家基础影响度	得分	0.00	1.00	0.00	0.00	0.28	0.00	0.00	0.00	0.00	0.00
			排名	3	1	3	3	2	3	3	3	3	3
		国家潜在影响度	得分	0.51	0.47	0.06	0.12	0.11	0.08	0.00	0.08	0.00	0.00
			排名	1	2	8	3	4	5	20	5	20	20
	二级指标	国家引领度	得分	0.22	1.30	0.06	0.13	0.08	0.04	0.00	0.01	0.01	0.00
			排名	2	1	5	3	4	6	22	10	10	22
	三级指标	国家基础引领度	得分	0.00	1.00	0.00	0.00	0.00	0.00	0.00	0.00	0.00	0.00
			排名	2	1	2	2	2	2	2	2	2	2
		国家潜在引领度	得分	0.22	0.30	0.06	0.13	0.08	0.04	0.00	0.01	0.01	0.00
			排名	2	1	5	3	4	6	22	10	10	22
研究热点：气候变化对红树林生态系统的影响	一级指标	国家表现力	得分	3.20	0.26	2.31	0.56	0.14	0.56	0.14	0.03	0.09	0.07
			排名	1	8	2	4	14	4	14	27	16	18
	二级指标	国家贡献度	得分	1.02	0.10	0.74	0.17	0.04	0.19	0.02	0.01	0.02	0.02
			排名	1	8	2	5	13	4	15	22	15	15
	三级指标	国家基础贡献度	得分	0.80	0.07	0.60	0.07	0.00	0.13	0.00	0.00	0.00	0.00
			排名	1	7	2	7	13	4	13	13	13	13
		国家潜在贡献度	得分	0.22	0.03	0.14	0.10	0.04	0.05	0.02	0.01	0.02	0.02
			排名	1	8	2	3	5	4	10	20	10	10
	二级指标	国家影响度	得分	1.32	0.15	1.02	0.24	0.06	0.34	0.10	0.02	0.04	0.02
			排名	1	8	2	5	16	3	12	24	18	24
	三级指标	国家基础影响度	得分	0.73	0.03	0.63	0.08	0.00	0.19	0.00	0.00	0.00	0.00
			排名	1	12	2	9	13	4	13	13	13	13
		国家潜在影响度	得分	0.58	0.12	0.39	0.16	0.06	0.15	0.10	0.02	0.04	0.02
			排名	1	5	2	3	10	4	6	24	15	24
	二级指标	国家引领度	得分	0.86	0.02	0.56	0.15	0.04	0.03	0.02	0.00	0.02	0.03
			排名	1	10	2	3	7	8	10	24	10	8
	三级指标	国家基础引领度	得分	0.60	0.00	0.40	0.00	0.00	0.00	0.00	0.00	0.00	0.00
			排名	1	5	2	5	5	5	5	5	5	5
		国家潜在引领度	得分	0.26	0.02	0.16	0.15	0.04	0.03	0.02	0.00	0.02	0.03
			排名	1	9	2	3	5	6	9	24	9	6

（续表）

研究热点或前沿名称	指标体系	指标名称	项　目	美　国	加拿大	澳大利亚	中　国	德　国	英　国	法　国	意大利	日　本	印　度
研究热点：林火对森林生态系统的影响及应对	一级指标	国家表现力	得分	4.93	0.25	1.63	0.11	0.13	0.20	0.11	0.10	0.02	0.01
			排名	1	4	2	7	6	5	7	9	19	24
	二级指标	国家贡献度	得分	1.54	0.07	0.73	0.03	0.03	0.04	0.03	0.03	0.01	0.00
			排名	1	4	2	6	6	5	6	6	13	23
	三级指标	国家基础贡献度	得分	1.00	0.00	0.60	0.00	0.00	0.00	0.00	0.00	0.00	0.00
			排名	1	3	2	3	3	3	3	3	3	3
		国家潜在贡献度	得分	0.54	0.07	0.13	0.03	0.03	0.04	0.03	0.03	0.01	0.00
			排名	1	4	2	6	6	5	6	6	13	23
	二级指标	国家影响度	得分	1.80	0.13	0.78	0.06	0.08	0.14	0.07	0.06	0.01	0.00
			排名	1	5	2	8	6	4	7	8	19	26
	三级指标	国家基础影响度	得分	1.00	0.00	0.62	0.00	0.00	0.00	0.00	0.00	0.00	0.00
			排名	1	3	2	3	3	3	3	3	3	3
		国家潜在影响度	得分	0.80	0.13	0.16	0.06	0.08	0.14	0.07	0.06	0.01	0.00
			排名	1	5	2	8	6	4	7	8	19	26
	二级指标	国家引领度	得分	1.59	0.05	0.13	0.03	0.01	0.01	0.01	0.01	0.00	0.00
			排名	1	4	2	5	7	7	7	7	16	16
	三级指标	国家基础引领度	得分	1.00	0.00	0.00	0.00	0.00	0.00	0.00	0.00	0.00	0.00
			排名	1	2	2	2	2	2	2	2	2	2
		国家潜在引领度	得分	0.59	0.05	0.13	0.03	0.01	0.01	0.01	0.01	0.00	0.00
			排名	1	4	2	5	7	7	7	7	16	16

附表Ⅱ-8　主要分析十国在水产渔业学科领域各热点前沿表现力指数及分指标得分与排名

研究热点前沿名称	指标体系	指标名称	项　目	美　国	意大利	中　国	澳大利亚	英　国	德　国	法　国	日　本	加拿大	印　度
研究热点：珊瑚礁生态系统的结构与功能研究	一级指标	国家表现力	得分	1.99	0.02	0.08	3.30	1.54	0.17	0.85	0.03	1.18	0.03
			排名	2	28	17	1	3	15	5	24	4	24
	二级指标	国家贡献度	得分	0.60	0.01	0.03	1.08	0.63	0.05	0.28	0.01	0.37	0.01
			排名	3	23	17	1	2	15	6	23	4	23
	三级指标	国家基础贡献度	得分	0.30	0.00	0.00	0.70	0.50	0.00	0.20	0.00	0.30	0.00
			排名	3	15	15	1	2	15	6	15	3	15
		国家潜在贡献度	得分	0.30	0.01	0.03	0.38	0.13	0.05	0.08	0.01	0.07	0.01
			排名	2	18	8	1	3	6	4	18	5	18
	二级指标	国家影响度	得分	0.96	0.00	0.03	1.44	0.54	0.09	0.54	0.00	0.75	0.02
			排名	2	35	19	1	4	10	4	35	3	23
	三级指标	国家基础影响度	得分	0.50	0.00	0.00	0.74	0.33	0.00	0.35	0.00	0.59	0.00
			排名	3	15	15	1	5	15	4	15	2	15
		国家潜在影响度	得分	0.46	0.00	0.03	0.70	0.22	0.09	0.19	0.00	0.16	0.02
			排名	2	35	12	1	3	6	4	35	5	17
	二级指标	国家引领度	得分	0.43	0.00	0.02	0.78	0.37	0.03	0.03	0.02	0.06	0.00
			排名	2	17	9	1	3	6	6	9	4	17
	三级指标	国家基础引领度	得分	0.20	0.00	0.00	0.40	0.30	0.00	0.00	0.00	0.00	0.00
			排名	3	4	4	1	2	4	4	4	4	4
		国家潜在引领度	得分	0.23	0.00	0.02	0.38	0.07	0.03	0.03	0.02	0.06	0.00
			排名	2	17	9	1	3	6	6	9	4	17

（续表）

研究热点前沿名称	指标体系	指标名称	项目	美国	意大利	中国	澳大利亚	英国	德国	法国	日本	加拿大	印度
研究热点：微塑料对海洋生物的生态毒理学效应	一级指标	国家表现力	得分	0.13	3.60	0.59	0.10	0.14	0.64	0.08	0.02	0.05	0.07
			排名	10	1	4	11	9	3	13	28	19	15
	二级指标	国家贡献度	得分	0.05	1.11	0.17	0.02	0.03	0.24	0.03	0.01	0.01	0.02
			排名	8	1	7	13	10	3	10	20	20	13
	三级指标	国家基础贡献度	得分	0.00	1.00	0.00	0.00	0.00	0.20	0.00	0.00	0.00	0.00
			排名	7	1	7	7	7	2	7	7	7	7
		国家潜在贡献度	得分	0.05	0.11	0.17	0.02	0.03	0.04	0.03	0.01	0.01	0.02
			排名	4	2	1	10	7	5	7	17	17	10
	二级指标	国家影响度	得分	0.04	1.35	0.20	0.04	0.07	0.37	0.02	0.01	0.02	0.02
			排名	10	1	6	10	9	2	16	21	16	16
	三级指标	国家基础影响度	得分	0.00	1.00	0.00	0.00	0.00	0.24	0.00	0.00	0.00	0.00
			排名	7	1	7	7	7	2	7	7	7	7
		国家潜在影响度	得分	0.04	0.35	0.20	0.04	0.07	0.12	0.02	0.01	0.02	0.02
			排名	9	1	2	9	7	3	15	20	15	15
	二级指标	国家引领度	得分	0.04	1.13	0.23	0.03	0.03	0.03	0.02	0.00	0.01	0.03
			排名	5	1	2	7	7	7	12	23	15	7
	三级指标	国家基础引领度	得分	0.00	1.00	0.00	0.00	0.00	0.00	0.00	0.00	0.00	0.00
			排名	2	1	2	2	2	2	2	2	2	2
		国家潜在引领度	得分	0.04	0.13	0.23	0.03	0.03	0.03	0.02	0.00	0.01	0.03
			排名	5	2	1	7	7	7	12	23	15	7
研究热点：饲料添加剂对水产养殖动物免疫和抗病性的影响	一级指标	国家表现力	得分	0.22	1.46	2.07	0.03	0.04	0.02	0.04	0.14	0.01	0.48
			排名	9	2	1	21	19	25	19	12	33	5
	二级指标	国家贡献度	得分	0.10	0.42	0.71	0.01	0.01	0.01	0.01	0.07	0.00	0.15
			排名	6	2	1	18	18	18	18	8	29	5
	三级指标	国家基础贡献度	得分	0.06	0.35	0.47	0.00	0.00	0.00	0.00	0.06	0.00	0.12
			排名	6	2	1	14	14	14	14	6	14	4
		国家潜在贡献度	得分	0.04	0.06	0.24	0.01	0.01	0.01	0.01	0.01	0.00	0.04
			排名	6	4	1	12	12	12	12	12	27	6
	二级指标	国家影响度	得分	0.04	0.75	0.58	0.02	0.02	0.00	0.01	0.07	0.00	0.17
			排名	15	1	2	19	19	35	26	11	35	5
	三级指标	国家基础影响度	得分	0.02	0.49	0.33	0.00	0.00	0.00	0.00	0.03	0.00	0.10
			排名	13	1	2	14	14	14	14	12	14	4
		国家潜在影响度	得分	0.02	0.26	0.25	0.02	0.02	0.00	0.01	0.04	0.00	0.06
			排名	15	2	3	15	15	35	25	11	35	7
	二级指标	国家引领度	得分	0.08	0.29	0.79	0.00	0.01	0.01	0.01	0.01	0.01	0.16
			排名	7	2	1	22	11	11	11	11	11	3
	三级指标	国家基础引领度	得分	0.06	0.24	0.41	0.00	0.00	0.00	0.00	0.00	0.00	0.12
			排名	4	2	1	7	7	7	7	7	7	3
		国家潜在引领度	得分	0.02	0.06	0.37	0.00	0.01	0.01	0.01	0.01	0.01	0.04
			排名	9	4	1	22	10	10	10	10	10	7

（续表）

研究热点前沿名称	指标体系	指标名称	项目	美国	意大利	中国	澳大利亚	英国	德国	法国	日本	加拿大	印度
研究前沿：基于基因组学的软体动物适应性进化解析	一级指标	国家表现力	得分	3.63	0.46	1.99	0.12	0.53	1.08	0.56	1.26	0.19	0.03
			排名	1	9	2	13	7	4	6	3	12	21
	二级指标	国家贡献度	得分	1.33	0.28	0.66	0.05	0.28	0.44	0.41	0.41	0.06	0.01
			排名	1	6	2	13	6	3	4	4	12	23
	三级指标	国家基础贡献度	得分	1.00	0.17	0.33	0.00	0.17	0.33	0.33	0.33	0.00	0.00
			排名	1	6	2	12	6	2	2	2	12	12
		国家潜在贡献度	得分	0.33	0.11	0.33	0.05	0.11	0.10	0.07	0.08	0.06	0.01
			排名	1	3	1	10	3	5	8	7	9	23
	二级指标	国家影响度	得分	1.58	0.09	0.71	0.05	0.20	0.60	0.12	0.63	0.10	0.01
			排名	1	10	2	13	6	4	7	3	8	22
	三级指标	国家基础影响度	得分	1.00	0.00	0.44	0.00	0.00	0.47	0.06	0.53	0.00	0.00
			排名	1	8	4	8	8	3	6	2	8	8
		国家潜在影响度	得分	0.58	0.09	0.27	0.05	0.20	0.13	0.06	0.10	0.10	0.01
			排名	1	7	2	11	3	4	9	5	5	22
	二级指标	国家引领度	得分	0.73	0.09	0.63	0.02	0.04	0.05	0.03	0.21	0.03	0.00
			排名	1	6	2	12	9	8	10	3	10	24
	三级指标	国家基础引领度	得分	0.50	0.00	0.33	0.00	0.00	0.00	0.00	0.17	0.00	0.00
			排名	1	6	2	6	6	6	6	3	6	6
		国家潜在引领度	得分	0.23	0.09	0.29	0.02	0.04	0.05	0.03	0.05	0.03	0.00
			排名	2	3	1	11	7	5	8	5	8	24

50个前沿的国家表现力指数全球排名前三的国家及其指数得分

附表Ⅲ　50个前沿的国家表现力指数全球排名前三的国家及其指数得分

学科领域	前沿名称	第一名		第二名		第三名	
		国家	得分	国家	得分	国家	得分
作　物	作物单碱基编辑技术及其在分子精准育种中的应用	中国	3.38	美国	2.03	日本	0.31
	植物基因转录与选择性剪切机制	中国	5.34	美国	2.22	英国	0.48
	作物对重金属的耐受及解毒措施	巴基斯坦	3.52	中国	1.51	韩国	1.02
	水稻粒型的分子调控机制	中国	4.61	美国	0.70	日本	0.42
	基于多组学和功能基因研究解析茶叶品质的形成机理	中国	5.27	美国	0.99	韩国	0.32
	根系解剖结构和根系构型精准优化机制	美国	3.95	德国	1.31	中国	1.00
植物保护	分子对接等技术在新农药设计及活性结构改造中的应用	中国	5.36	美国	0.61	南非/埃及	0.04
	柑橘黄龙病菌的传播途径及其对果树的危害	意大利	2.32	美国	2.09	法国	0.90
	疫霉病菌对主要园林植物的危害及其防治	澳大利亚	1.79	德国	1.74	美国	1.48
	番茄潜叶蛾的传播及综合治理	中国	2.05	巴西	1.78	法国	1.73
	植物双生病毒的分类、传播机理及综合防治	美国	3.19	南非	2.19	巴西	1.72
	入侵害虫斑翅果蝇的生物学特征及其防治	美国	3.15	意大利	1.35	法国	0.84
	新烟碱杀虫剂的环境污染与健康危害	加拿大	2.19	美国	1.93	英国	1.31

（续表）

学科领域	前沿名称	第一名		第二名		第三名	
		国家	得分	国家	得分	国家	得分
畜牧兽医	畜禽生长和繁殖性状的分子机制	中国	5.52	伊朗	0.03	孟加拉国	0.02
	猪圆环病毒 3 型流行病学及遗传进化	中国	2.78	美国	0.65	意大利	0.47
	可转移多黏菌素耐药基因的发现及传播机制	中国	2.26	美国	1.59	英国	1.39
	高致病性禽流感病毒流行病学、遗传进化与致病机理	中国	3.64	美国	2.19	韩国	0.45
	动物源性人兽共患病病原学及传播特征	美国	4.44	英国	1.07	澳大利亚	0.78
	兽用抗生素应用及其抗药性的全球应对	美国	2.35	印度	1.70	比利时	1.57
	猪流行性腹泻病毒新毒株流行病学、遗传进化及致病机理	美国	3.09	中国	0.91	加拿大	0.58
农业资源与环境	堆肥腐殖化过程与调控	中国	5.48	埃及	0.09	美国/英国/印度	0.07
	根际沉积过程及其对土壤碳氮循环的影响	中国	3.92	德国	2.13	俄罗斯	1.31
	生物炭对受污染农田土壤的修复及其效应	中国	4.42	澳大利亚	1.49	巴基斯坦	1.46
	土壤植物间反馈机制研究	美国	2.87	加拿大	1.82	荷兰	0.90
	土壤光谱学及其在土壤性质预测中的应用	澳大利亚	1.77	中国	1.47	意大利	1.42
	沼气发酵微生物群落结构及功能	丹麦	1.56	中国	1.15	美国	0.97
	农田系统抗生素与抗性基因研究	中国	3.26	美国	1.60	澳大利亚	0.60
	生物炭对农田土壤生物学过程及温室气体排放的影响	中国	2.39	澳大利亚	1.12	德国	1.10
农产品质量与加工	天然食品中生物胺的质谱分析技术研究	中国	3.47	波兰	0.74	英国/希腊	0.48
	智能食品包装膜制备技术研究与应用	中国	2.16	巴西	0.53	伊朗	0.38
	食品级颗粒的乳化机制及其应用研究	中国	3.57	美国	1.81	英国	0.41
	智能感官在食品品质评价中的应用	中国	1.29	波兰	1.00	印度	0.99
	食品中多酚类物质抗氧化活性研究	加拿大	3.05	巴西	1.68	美国	0.96
	食源性致病菌快速检测技术研究	美国	1.50	中国	1.49	马来西亚	0.88

（续表）

学科领域	前沿名称	第一名		第二名		第三名	
		国家	得分	国家	得分	国家	得分
农业信息与农业工程	纳米材料制备及其在重金属吸附中的应用	中国	4.68	沙特阿拉伯	1.18	日本	0.35
	天然纤维聚合物复合材料制备与表征	印度	3.65	马来西亚	2.64	泰国	1.28
	混合生物柴油转化技术及其利用	马来西亚	2.86	印度尼西亚	1.54	中国	1.34
	基于卫星监测与毫米波传输的土壤水分与营养含量反演技术	美国	3.89	法国	1.91	澳大利亚	1.34
	基于激光传感器地面覆盖生物量评估技术	芬兰	2.20	英国	1.95	荷兰	1.68
	秸秆燃料乙醇转化关键技术	马来西亚	1.75	文莱	1.42	越南	1.40
	农用无人机近地作物表型信息获取技术及其应用	美国	1.29	中国	1.15	德国	0.63
	生物基平台化合物炼制技术及应用	美国	1.58	中国	1.52	加拿大	0.94
	土壤重金属生物修复关键技术及应用	中国	1.47	澳大利亚	0.99	英国	0.79
林业	基于长时间序列遥感影像的森林干扰、恢复及分类研究	加拿大	4.02	美国	0.95	德国	0.75
	气候变化对红树林生态系统的影响	美国	3.20	澳大利亚	2.31	新加坡	0.60
	林火对森林生态系统的影响及应对	美国	4.93	澳大利亚	1.63	西班牙	0.35
水产渔业	珊瑚礁生态系统的结构与功能研究	澳大利亚	3.30	美国	1.99	英国	1.54
	微塑料对海洋生物的生态毒理学效应	意大利	3.60	西班牙	0.66	德国	0.64
	饲料添加剂对水产养殖动物免疫和抗病性的影响	中国	2.07	意大利	1.46	伊朗	0.76
	基于基因组学的软体动物适应性进化解析	美国	3.63	中国	1.99	日本	1.26

附录Ⅳ 研究前沿综述——寻找科学的结构

作者：David Pendlebury

Eugene Garfield 1955 年第一次提出科学引文索引概念之际，即强调了引文索引区别于传统学科分类索引的几点优势[1]。因为引文索引会对每一篇文章的参考文献做索引，检索者就可以从一些已知的论文出发，去跟踪新近出版的引用了这些已知论文的论文。此外，无论是顺序或回溯引用论文，引文索引都是高产与高效的。

因为引文索引是基于研究人员自身的见多识广的判断，并反映在他们文章的参考文献中，而图书情报索引专家对出版物的内容并不如作者熟悉，只靠分类来做索引。Garfield 将这些作者称作“引文索引部队”，同时他认为这种索引是一张“创意联盟索引”。他认为引文是各种思想、概念、主题、方法的标志：“引文索引可以精确地、毫不模糊地呈现主题，不需要过多的解释，并对术语的变化具备免疫力。”[2]除此之外，引文索引具有跨学科属性，打破了来源文献覆盖范围的局限性。引文所呈现出的联系不局限于一个或几个领域——这种联系遍布整个研究世界。对科学而言，自从学科交叉被公认为研究发现的沃土，引文索引便呈现出独特的优势。诺贝尔奖得主 Joshua Lederberg 是 Garfield 这一思想较早的支持者，他在自己的遗传学研究领域与生物化学、统计学、农业、医学的交叉互动中受益匪浅。Science Citation Index（现在的 Web of Science）创建于 1961 年[3]。虽然 Science Citation Index 经过很多年才被图书情报人员以及学术圈完全认可，但是引文索引理念的影响力，以及它在操作过程中产生的实质作用是无法被否认的。

虽然 Science Citation Index 的主要用途是信息检索，但是从其诞生之初，Garfield 就很清楚他的数据可以被利用来分析科学研究本身。首先，他意识到论文的被引频次可以界定“影响力”显著的论文，而这些高被引论文的聚类分析结果可以指向具体的领域。不仅如此，他还深刻理解到大量的论文之间的引用与被引用揭示了科学的结构，虽然它极其复杂。他发表于 1963 年的一篇论文《Citation Indexes for Sociological and Historical Research》，论述了利用引文分析客观探寻研究前沿的方法[4]。这篇文章背后的逻辑与利用引文索引进行信息检索的逻辑如出一辙：引文不仅仅体现了智力活动之间的相互连接，还体现了研究者社会属性的相互联系，它是研究人员做出的智力判断，反映了学术领域学者行为的高度自治与自律。Garfield 在 1964 年与同事 Irving H. Sher 及 Richard J. Torpie 第一次将引文关系佐证下指向的具备影响力的相关理论按时期进行线性描述，制作出 DNA 的发现过程及其结构研究的一幅科学历史脉络图[5]。Garfield 清楚地看到引文数据是呈现科学结构的最好素材。到目前为止，除了利用引文数据绘制了特定研究领域的历史图谱外，尚未出现一幅展示更为宏大的科学结构的图谱。

在这个领域 Garfield 并不孤独。同期，物理学、科学史学家 Derek J. de Solla Price 也在试图探寻科学研究的本质与结构。作为耶鲁大学的教授，他首先使用科学计量方法对科学研究活动进行了测量，且分别于 1961 年与 1963 年出版了两本颇具影响的书，证明了为什么 17 世纪以来无论是研究人员数量还是学术出版数量都呈现指数增长态势[6,7]。但在他的工作中鲜有对科学研究活动本身的统计分析，因为在他不知疲倦的探究之路上，获取、质询、解读研究活动的想法还没有提上日程。Price 与 Garfield 正是在此时相识了。Price，这位裁缝的儿子，收到了来自 Garfield 的数据，他这样描述当时的情景："我从 ISI 计算机房的剪裁板上取得了这些数据。"[8]

1965 年，Price 发表了《科学研究论文网络》一文，文中利用了大量的引文分析数据描述他所定义的"科学研究前沿"的本质[9]。之前，他使用"研究前沿"这个词语时采用的是其字面意思，即某些卓越科学家在最前沿所进行的领先研究。但是在这篇论文中，他以 N-射线研究为例（该研究领域的生命周期很短），基于按时间顺序排列的论文及其互引模式构成的网络，从出版物的密度以及不同时期活跃度的角度对研究前沿进行了描述。Price 观察到研究前沿是建立在新近发表的"高密度"论文上，这些论文之间呈现出联系紧密的网状关系图。

"研究前沿从来都不是像编织那样一行一行编出来的。相反，它常常被漏针编织成小块儿或者小条儿。这些'条'被客观描述成'主题'，对'主题'的描述虽然随着时间推移会发生巨大变化，但是作为智力活动的内在含义保持了相对稳定性。如果有人想探寻这种'条'的本质，也许就会指向一种勾勒当前科学论文'地形图'的方法。这种'地形图'形成过程中，人们可以通过期刊在地图中的位置以及在'条'中的战略中心地位来识别期刊（实际上是国家、个人或单篇论文）的共同及各自相对的重要性。"[9]

1972 年，年轻的科学史学者 Henry Small 离开位于纽约的美国物理学会，加入费城的美国科技信息所，他加入的最初动机是希望可以利用 Science Citation Index 的数据以及题名和关键词的价值。但很快他就调整了方向，把注意力从“文字”转向了“文章间相互引用行为”，这种转变背后的动机与 Garfield 和 Price 不谋而合：引文的力量及其发展潜力。在 Garfield 1955 年介绍引文思想论文的基础上，1973 年，Small 开拓出了自己全新的方向，发表了论文《Co-citation in the scientific literature：a new measure of relationship between two documents》，这篇论文介绍了一种新的研究方法——“共被引分析”，将描述科学学科结构的研究带入了一个新的时期[10]。Small 利用两篇论文共同被引用的次数来描述这两篇论文的相似程度，换句话说就是统计“共被引频率”来确认相似度。

Small 利用当时新发表的粒子物理领域的论文分析来阐述自己的方法。Small 发现，这些通过“共被引”联系在一起的论文常常在研究主题上有高度的相似度，是相互关联的思想集合。他认为基于论文被引用频率的分析，可以用来寻找领域中关键的概念、方法和实验，是进行“共被引分析”的起点。前者用客观的方式揭示了学科领域的智力、社会和社会认知结构。如 Price 做研究前沿的研究一样，Small 将最近发表的通过引用关系紧密编织在一起的论文聚成组，接着通过“共被引”分析，发现分析结果指向了自然关联在一起的“研究单元”，而不是传统定义的“学科”或较大的领域。Small 将“共被引分析”比作一部完整的电影，而不是一张孤立的图片，以表达他对该方法潜力的极大信任。他认为，通过重要论文间的相互引用模式分析，可以呈现某个研究领域的结构图，这幅结构图会随着时间的推移而发生变化，通过研究这种不断变化的结构，“共被引分析”可以帮助我们跟踪科学研究的进展，以及评估不同研究领域的相互影响程度。

还有一位值得注意的科学家是俄罗斯研究信息科学的 Irina V. Marshakova-Shaikevich。她也在 1973 年提出了“共被引分析”的思想[11]。但是 Small 与 Marshakova-Shaikevich 并不了解彼此的工作，因此他们的工作可以被看作是相互独立、不谋而合的研究。科学社会学家 Robert K. Merton 将这种现象称作“共同发现”，这在科学史上是非常常见的现象，而很多人却没有意识到这种常见现象的存在[12,13]。Small 与 Marshakova-Shaikevich 都将“共被引分析”与“文献耦合”现象进行了对比，后者是 Myer Kessler 于 1963 年阐释的思想[14]。

“文献耦合”也是用来度量两篇论文研究内容相似程度的方法，该方法基于两篇论文中出现相同参考文献的频次来度量它们的相似程度，即如果两篇论文共同引用了同一篇参考文献，他们的研究内容就可能存在相似关系，相同的参考文献越多，相似度越大。“共被引分析”则是“文献耦合”分析的“逆”方向：不用两篇文章共同引用的参考文献频次做内容相似度研究的线索，而是将“共同被引用”的参考文献聚类，通过“共被引分析”度量这些参考文献的相似度。“文献耦合”方法所判断两篇文章之间的相似度是“静态”的，因为当文章发表后，其文后的参考文献不会再发生变化，也就是说两篇论文之间的相似关系被固定下来了；但是“共被引”分析是一个逆过程，你永远无法预知哪些论文会被未来发表的论文“共同被引用”，它会随着研究的发展发生动态的变化。Small更倾向于使用“共被引分析”，他认为这样的逆过程能够反映科学活动、科学家认知随着时间发生的变化[15]。

1974年，Small与费城的Drexel University的Belver C. Griuith共同发表了两篇该领域里程碑式的著作，阐释了利用“共被引分析”寻找“研究单元”的方法，并且利用“研究单元”间的相似度做图呈现研究工作的结构[16,17]。虽然此后该方法有过一些重大的调整，但是它的基本原理与实施方式从来没有改变过。首先遴选高被引论文合集作为“共被引分析”的种子，将这样的高被引论文合集限定在一定规模范围内，这些论文被假定可以作为其相关研究领域关键概念的代表论文，对该领域起着重要的影响作用，作为寻找这些论文的线索，“被引用历史”成为关键点，利用引用频次建立的统计分析模型可以证明这些论文的确具有学科代表性与稳定性。一旦这样的合集被筛选出来，就要对该合集做“共被引”扫描。合集中，同时被同一篇论文引用的论文被结成对，称作“共被引论文对”，当然也会出现很多结不成对的“0”结果。当很多“共被引论文对”被找到时，接下来会检查这些“共被引论文对”之间是否存在“手拉手”的关系。举例来说：如果通过“共被引扫描”发现了“共被引论文对A和B”“共被引论文对C和D”“共被引论文对B和C”，那么由于论文B和C的共被引出现，“共被引论文对A和B”与“共被引论文对C和D”就被联系到一起了，我们就认为两个“共被引论文对”出现了一次交叉或者“拉手”。因为这一次交叉，就将这两个“共被引论文对”合并聚成簇，也就是说两个“共被引论文对”间只需要一次“拉手”就能形成联系。

通过调高或调低共被引强度阈值可以得到规模大小不同的“聚类”或者“群”。阈值越低，越多的论文得以聚类，形成的“群”越大，阈值过低则会形成不间断的“论文链”。如果调高阈值，就可以形成离散的专业领域，但是如果相似度阈值设得太高，就会形成太多分裂的“孤岛”。

在构建研究前沿方法中采用的“共被引相似度”计量方法以及共被引强度阈值随着时间的推移有所不同。今天我们采用余弦相似性（Cosine similarity）方法计量“共被引相似度”，即用共被引频次除以两篇论文的引用次数的平方根。而“共被引强度”最小阈值是相似度0.1的余弦，不过这个值是可以逐渐调高的，一旦调高就会将大的“聚类”变小。通常如果研究前沿聚类核心论文超过最大值50时，我们就会这样做。反复试验表明这种做法能产生有意义的研究前沿。

现在我们做个总结，研究前沿是由一组高被引论文和引用这些论文的相关论文组成的，这些高被引论文的共被引相似度强度位于设定的阈值之上。

事实上，研究前沿聚类应该同时包含两个组成部分，一部分是通过共被引找到的核心论文，这些论文代表了该领域的奠基工作；另外一部分就是对这些核心论文进行引用的施引论文，它们中最新发表的论文反映了该领域的新进展。研究前沿的名称则是从这些核心论文或施引论文的题名总结来的。ESI 数据库中研究前沿的命名主要是基于核心论文的题名。有些前沿的命名也参考了施引论文。因为正是这些施引论文的作者通过共被引决定了重要论文的对应关系，也是这些施引论文作者赋予研究前沿以意义。研究前沿的命名并不是通过算法来进行的，仔细地、一篇一篇通过人工探寻这些核心论文和施引论文，无疑会对研究前沿工作本质的描述更加精确。

Garfield 这样评价 Small 与 Griuith 的工作："他们的工作是我们的飞行器得以起飞的最后一块理论基石。"[18] Garfield 是一位实干家，他将自己的理论研究工作转化成了数据库产品，无论是信息检索还是分析领域都受益良多。这个"飞行器"以 1981 年出版的《ISI 科学地图：生物化学和分子生物学》（*ISI Atlas of Science：Biochemistry and Molecular Biology*，1978/1980）而宣告起飞[19]，可以说这本书所呈现的工作与 Small 的工作有着内在的联系。这本书分析了 102 个研究前沿，每一个前沿都包括一张图谱，包含了前沿背后的核心论文，以及多角度展示这些论文间的相互关系。每一组核心论文被详细列出，并且给出它们的被引用次数，那些重要的施引论文也会在清单中，还会基于核心论文的被引用次数给出每个前沿的相关权重。

伴随这些分析数据的还有来自各前沿专业领域的专家撰写的综述。书的最后，是 102 个研究前沿汇总在一起的巨大图谱，显示出它们之间的相似关系。这绝对是跨时代的工作，但对于市场来说无异于一场赌博，这就是 Garfield 的个性写真。

在 Small 与 Griuith 1974 年共同发表的第二篇论文中，可以看到对不同研究前沿相似度的度量[17]。通过共被引分析构建的研究前沿及其核心论文，是建立在这些论文本身的相似度基础上的。同样，用这种方法形成的不同研究前沿之间的相似度也是可以描述的，从而发现那些彼此联系紧密的研究前沿。在他们的研究前沿图谱中，Smal 与 Griuith 通过不同角度剖析、缩放数据以期接近这两个维度的研究方向。

对 Small 与 Griuith 的工作，尤其是从以上两个维度解析通过共被引分析聚类论文图谱的工作，Price 认为"看上去这是非常深奥的工作，也是革命性的突破"。他强调："他们的发现似乎预示着科学研究存在内在的结构与秩序，需要我们进一步去发现、辨识、诊断。我们惯常用分类、主题词的方式去描述它，看上去与它自然内在的结构是背道而驰的。如果我们真想发现科学研究结构的话，无疑需要分析海量的科学论文，生成巨型地图。这个过程是动态的，随着时间而不断变化，这使得我们在第一时间就能捕捉到它的进展与特性。"[8]

在出版了另一本书和一系列综述性期刊之后[20,21]，《ISI 科学地图》（*ISI Altas of Science*）作为系列出版物终止于20世纪80年代。这是出于商业考虑，那时还有更优先的事情需要做。但是 Garfield 与 Small 继续执着地行走在科学图谱这条道路上，他们几十年来做了各种研究与实验。1985年，Small 发表了两篇论文介绍他关于研究前沿定义方法的重要修正：分数共被引聚类法（Fractional co-citation clustering）[22]。

根据引用论文的参考文献的多少，通过计算分数被引频次调整领域内平均引用率差异，藉此消除整体计数给高引用领域（如生物医药领域）带来的系统偏差。随着方法的改进，数学显得愈发重要，而在整数计数时代，数学曾被忽视。他还提出基于相似度可以将不同研究前沿聚类，这超越了单个研究前沿聚组的工作[23]。同年，Garfield 与 Small 发表了《The geography of science：disciplinary and national mappings》，阐述了他们研究的新进展。该论文汇集了 Science Citation Index 与 Social Sciences Citation Index 数据，勾勒出全球该领域的研究状况，从全球的整体图出发，他们还进一步探索了更小分割单位的研究图谱[24]。这些宏—聚类间的关系与具体研究内容同样重要。这些关联如同丝线，织出了科学之网。

接下来的几年里，Garfield 致力于发展他的科学历史图谱，并在 Alexander I. Pudovkin 与 Vladimir S. Istomin 的协助下，开发了 HistCite 这一软件工具。HistCite 不仅能够基于引用关系自动生成一组论文的历史图谱，提供某一特定研究领域论文发展演化的缩略图，还可以帮助识别相关论文，这些相关论文有可能在最初检索时没有被检索到，或者没有被识别出来。因此，HistCite 不仅是一个科学历史图谱的分析软件，也是帮助论文检索的工具[25,26]。

Small 继续完善着他的共被引分析聚类方法，并且试图基于某个学科领域前沿之间呈示的认知关系图谱探索更多的细节内容[27,28]。背后的驱动力是对科学统一性的强烈兴趣。为了显示这种统一性，Small 展示了通过强大的共被引关系，如何从一个研究主题漫游到另一个主题，并且跨越了学科界限，甚至从经济学跨越到天体物理学[29,30]。对此 Small 与 E. O. Wilson 有类似的看法，后者在1998年出版的《知识大融通》（*Consilience：The Unity of Knowledge*）一书中表达了类似的思想[31]。20世纪90年代早期，Small 发展了 Sci-Map，这是一个基于个人电脑的论文互动图形系统[32]。后来的数年中，他将研究前沿的研究数据放到了 Essential Science Indicators（ESI）数据库中。

Essential Science Indicators（ESI）主要用来做研究绩效分析。ESI 中的研究前沿，以及有关排名的数据每两个月更新一次。这时候，Small 对虚拟现实软件产生了极大的兴趣，因为这类软件可以产生模拟真实情况的三维虚拟图形，可以实时处理海量数据[33,34]。例如，20世纪90年代末期，Small 领导了一个科学论文虚拟图形项目，在桑迪亚国家实验室成功开发了共被引分析虚拟现实软件 VxInsight[35,36]。

由于桑迪亚国家实验室高级研究经理 Charles E. Meyers 富有远见的支持，在动态实时图形化学术论文领域，该研究无疑迈出了巨大的一步，这也是一个未来发展迅速的领域。该软件可以将论文的密度及显著特征用山形描绘出来。可以放大、缩小图形的比例尺，允许用户通过这样的比例尺缩放游走在不同层级学科领域。基础数据的查询结果被突出显示，一目了然。

事实上，20 世纪 90 年代末期对于科学图谱研究来说是一个转折点，之后，有关如何界定研究领域，以及领域间关系的可视化研究都得到了迅猛发展。全球现在有很多学术中心致力于科学图谱的研究，他们使用的方法与工具不尽相同。印第安纳大学的 Katy Borner 教授在其 2010 年出版图书 *Atlas of Science*：*Visualizing What We Know* 中对该领域过去 10 年取得的进展做了总结，当然这本书的名字听上去似曾相识[37]。

从共被引聚类生成科学图谱诞生，到今天这个领域如此繁荣，大约经历了 25 年的时间。很有意思的是，引文思想从产生到 Science Citation Index 的商业成功也大约经历了 25 年。当我们回顾这一进程时，清楚地看到相对于它们所处的时代来说两者都有些超前。如果说 Science Citation Index 面临的挑战来自图书馆界根深蒂固的传统思想与模式（进一步说就是来自研究人员检索论文的习惯性行为），那么，科学图谱，作为一个全新的领域，之所以迟迟未被采纳，其原因应归结为在当时的条件下，缺乏获取研究所需的大量数据的渠道，并受到落后的数据存储、运算、分析技术的限制。直到 20 世纪 90 年代，这些问题才得到根本解决。目前正以前所未有的速度为分析工作提供海量的分析数据，个人计算机与软件的发展也使个人计算机可以胜任这些分析工作。今天，我们利用 Web of Science 进行信息检索、结果分析、研究前沿分析、图谱生成，以及科学活动分析，它不仅拥有了用户，还拥有了忠诚的拥趸与宣传者。

Garfield 与 Small 的辛勤播种，使得很多年后这些种子得以生根、发芽，在很多领域迸发出勃勃生机。有人这样定义什么是了不起的人生——“在人生随后的岁月中，将年轻时萌发的梦想变成现实”。从这个角度说，他们两人不仅开创了信息科学的先锋领域，而且成就了他们富有传奇的人生。科睿唯安将继续支持并推进这个传奇的持续发展。

参考文献

[1] Eugene Garfield. Citation indexes for science: a new dimension in documentation through association of ideas[J]. *Science*, 1995, 122(3159): 108-111.

[2] Eugene Garfield. Citation Indexing: its Theory and Application in Science, Technology, and Humanities[M]. NewYork: John Wiley & Sons, 1979.

[3] Genetics Citation Index. Philadelphia: Institute for Scientific Information, 1963.

[4] Eugene Garfield. Citation indexes in sociological and historicresearch[J]. *American Documentation*, 1963, 14(4): 289-291.

[5] Eugene Garfield, Irving H. Sher, Richard J. Torpie. The Use of Citation Data in Writing the History of Science[M]. Philadelphia: Institute For Scientific Information, 1964.

[6] Derek J. de Solla Price. Science Since Babylon[M]. New Haven: Yale University Press, 1961. (See also the enlarged edition of 1975)

[7] Derek J. de Solla Price. Little Science, Big Science[M]. NewYork: Columbia University Press, 1963.

[8] Derek J. de Solla Price. Foreword in Eugene Garfield, Essays of an Information Scientist, Volume 3, 1977 - 1978 [M]. Philadelphia: Institute For Scientific Information, 1979.

[9] Derek J. de Solla Price. Networks of scientific papers: The pattern of bibliographic references indicates the nature of thescientific research front[J]. *Science*, 1965, 149 (3683): 510-515.

[10] Henry Small. Co-citation in scientific literature: Anewmeasure of the relationship between two documents[J]. *Journal of the American Society for Information Science*, 1973, 24(4): 265-269.

[11] Irena V. Marshakova-Shaikevich. System of documentconnections based on references [J]. *Nauchno Tekhnicheskaya, Informatsiza Seriya* 2, SSR[Scientific and Technical Information Serial of VINITI], 1973, 6: 3-8.

[12] Robert K. Merton. Singletons and multiples in scientific discovery: A chapter in the sociology of science[J]. *Proceedings of the American Philosophical Society*, 1961, 105(5): 470-486.

[13] Robert K. Merton. Resistance to the systematic study of multiple discoveries in sci-

ence[J]. *Archives Européennes de Sociologie*, 1963, 4(2): 237-282.

[14] Myer M. Kessler. Bibliographic coupling between scientific papers[J]. *American Documentation*, 1963, 14(1): 10-25.

[15] Henry Small. Cogitations on co-citations[J]. *Current Contents*, 1992, 10: 20.

[16] Henry Small, Belver C. Griffth. The structure of scientific literatures i: Identifying and graphing specialties[J]. *Science Studies*, 1974, 4(1): 17-40.

[17] Belver C. Griffith, Henry G. Small, Judith A. stonehill, sandra Dey. The structure of scientific literatures II: Toward amacro-and microstructure for science[J]. *Science Studies*, 1974, 4(4): 339-365.

[18] Eugene Garfield. Introducing the ISI Atlas of Science: Biochemistry and Molecular Biology, 1978/80[J]. *Current Contents*, 1981, 42: 5-13.

[19] ISI Atlas of Science: Biochemistry and Molecular Biology, 1978/80[M]. Philadelphia: Institute for Scientific Information, 1981.

[20] ISI Atlas of Science: Biotechnology and Molecular Genetics, 1981/82[M]. Philadelphia: Institute for Scientific Information, 1984.

[21] Eugene Garfield. Launching the ISI Atlas of Science: For the new year, a new generation of reviews[J]. *Current Contents*, 1987, 1: 3-8.

[22] Henry Small, ED Sweeney. Clustering the Science Citation Index using co-citations. I. A comparison of methods[J]. *Scientometrics*, 1985, 7(3-6): 391-409.

[23] Henry Small, ED Sweeney, Edward Greenlee. Clusteringthe Science Citation Index using co-citations. II. Mappingscience[J]. *Scientometrics*, 1985, 8(5-6): 321-340.

[24] Henry Small, Eugene Garfield. The geography of science: Disciplinary and national mappings[J]. *Journal of Information Science*, 1985, 11(4): 147-159.

[25] Eugene Garfield, Alexander I. Pudovkin, Vladimir S. Istomin. Why do we need algorithmic historiography? [J]. *Journal of the American Society for Information Science and Technology*, 2003, 54(5): 400-412.

[26] Eugene Garfield. Historiographic mapping of knowledge domains literature[J]. *Journal of Information Science*, 2004, 30(2): 119-145.

[27] Henry Small. The synthesis of specialty narratives from co-citation clusters[J]. *Journal of the American Society forInformation Science*, 1986, 37(3): 97-110.

[28] Henry Small. Macro-level changes in the structure of cocitation clusters: 1983-1989 [J]. *Scientometrics*, 1993, 26(1): 5-20.

[29] Henry Small. A passage through science:Crossingdisciplinary boundaries[J]. *Library Trends*,1999,48(1):72-108.

[30] Henry Small. Charting pathways through science:Exploring Garfield's vision of a unified index to science[M]//Blaise Cronin,Helen Barsky Atkins. The Web of Knowledge:A Festschrift in Honor of Eugene Garfield,Medford,NJ:American Society for Information Science,2000,449-473.

[31] Edward O. Wilson. Consilience:The Unity of Knowledge[M]. New York:Alfred A. Knopf,1998.

[32] Henry small. A Sci-MAP case study:Building a map of AIDs Research[J]. *Scientometrics*,1994,30(1):229-241.

[33] Henry Small. Update on science mapping:Creating largedocument spaces[J]. *Scientometrics*,1997,38(2):275-293.

[34] Henry Small. Visualizing science by citation mapping[J]. *Journal of the American Society for Information Science*,1999,50(9):799-813.

[35] George S. Davidson,Bruce Hendrickson,David K. Johnson,Charles E. Meyers,Brian N. Wylie. Knowledgemining with Vxinsight®:discovery through interaction[J]. *Journal of Intelligent Information Systems*,1998,11(3):259-285.

[36] Kevin W. Boyack,Brian N. Wylie,George S. Davidson. Domain visualization using Vxinsight for science and technology Management[J]. *Journal of the American Society for Information Science and Technology*,2002,53(9):764-774.

[37] Katy Börner. Atlas of Science:Visualizing What We Know[M]. Cambridge,MA:MIT Press,2010.